塑造

男孩

敢质
勇品

的故事全集

新世纪学生必读书库

吉林出版集团 JILIN PUBLISHING GROUP

吉林美术出版社 | 全国百佳图书出版单位

图书在版编目(CIP)数据

塑造男孩勇敢品质的故事全集／崔钟雷主编.—长春：吉林美术出版社，
2009.11(2011.1 重印)
（新世纪学生必读书库）
ISBN 978－7－5386－3539－3

Ⅰ.塑… Ⅱ.崔… Ⅲ.品德教育－中国－青少年读物
Ⅳ.D432.62

中国版本图书馆 CIP 数据核字(2009)第 189765 号

策　划:钟　雷
责任编辑:栾　云

塑造男孩勇敢品质的故事全集

主　编:崔钟雷　副主编:王丽萍　刘　超　李菁菁
吉林美术出版社出版发行
长春市人民大街 4646 号
吉林美术出版社图书经理部(0431－86037896)
网址:www.jlmspress.com
北京海德伟业印务有限公司
开本 700×1000 毫米　1/16　印张 15　字数 240 千字
2011 年 1 月第 2 版　2012 年 5 月第 2 次印刷
ISBN 978－7－5386－3539－3
定价:29.80 元

前言 Foreword

　　生命如夏花般绚烂多彩，生活如山峰般催人攀登。历史的钟声在新世纪的脉搏中激荡，我们把情感刻入时间的铭文，把奋进划入理想的港湾。成功的号角为有准备的人而吹响，稚嫩的新苗还需要汲取更多的阳光雨露，而书籍，正是成长的指引，力量的源泉。为此，我们精心编写了本套《新世纪学生必读书库》系列丛书。

　　时光淡去了岁月的影子，却留住了幸福的记忆；历史磨灭了沧桑的背影，却留住了伟人的足迹；时代洗去了踟蹰的过去，却留住了奋进的力量。面对挑战，面对希望，面对成功，每一个人都会发出生命的最强音，释放出自己的全部能量。智者的帮助，成功者的指引，是我们前进道路上的捷径。我们翻开书籍，阅读拼搏者的辛勤与骄傲，感受奋斗者的艰苦与温馨，获得心灵的感动和进取的力量，学习爱的意义和生活的真谛，努力开创属于自己的那片天空。

　　本套丛书精心选编了多篇美文佳作，文辞优美、内涵深刻，字字值得品味，篇篇引人思索，让读者与书籍进行一次心灵的对话。丛书具有丰富的阅读性和艺术性，适于启发读者，从中收获生活的意义。

　　书香袭人，沁人心脾；字句珠玉，引人深思。愿本书点亮你智慧的火种，指引你前进的方向，激励你奋进的步伐，成就你美好的未来！

目 录

2 成功源于一个念头
chenggong yuanyu yige niantou

gaobie wobuxing
4 告别"我不行"

做自己的预言家

只要你愿意立定志向，努力付诸行动——美梦可以成真，它是世间最美丽的"预言"；噩梦可以避免，它是最值得警惕的"寓言"。

勇于怀疑自己的眼睛

金 戈

如今的时代，毫无疑问，是一个信息爆炸的时代，人们对信息的采集和接纳有太多的渠道和方式。但一般说来，对于道听途说的东西，人们很容易去思考其中的漏洞，但是对于自己听到或看到的事物，人们就会深信不疑，甚至会自发形成一种依赖的思维定式，这往往给自己的处事和决策造成很大的影响。

事实上，我们的眼睛和耳朵是把握真相的后门，却也是个虚伪的前门。耳目所接触的真相，很少是"绝对货真价实"的，尤其是那些间接来自远方的所谓的真相则"更加云雾缭绕"，需要层层剥开才能看到内在的真相。

因为任何事一旦经人传播，便不可避免地会混入"传播者的情绪"。而情绪只要作用于事物，必会多一层颜色，尽管这种情绪或多或少，却能使我们偏向于某种印象。

敢于怀疑自己的眼睛，是需要一定的魄力和知识的，因为怀疑自己的

眼睛首先是从否定自己开始的。有些人很不习惯，他们不明白怀疑自己的眼睛并不是怀疑自己的能力，"而是让自己更聪明"！怀疑自己看到的，你会发现你的人生从此与众不同！

成长笔记

　　眼睛是心灵的窗户，但进入心灵的事物未必都是真实的，这就需要我们具有一双慧眼，从不同角度仔细观察思考，从中去粗取精，去伪存真，真正了解事物的实质。

哈利的文字生涯

〔美国〕托马斯·沃特曼

　　哈利是一名海军军官，在海军服役了 15 年之后，他离开了部队，想成为一名作家。

　　已届中年的哈利感到前途迷茫。他和朋友杰克在纽约郊区租了一间地下室，当时经济并不景气，哈利卖了自己的全部家当，仅够买一台打字机。

　　一年时间过去了，哈利的稿子被退了回来。仅靠杰克的薪水，很难维持两个人的生活。哈利开始每天只吃一个面包，继续写作。

　　杰克对哈利说："老兄，别再搞你那些无用的玩意儿了，它们根本不能换来面包或是香烟。"哈利的父母也写信来，希望哈利能停止那劳心费神又挣不来一个子儿的写文章生活，干点儿别的挣一些钱贴补家用。

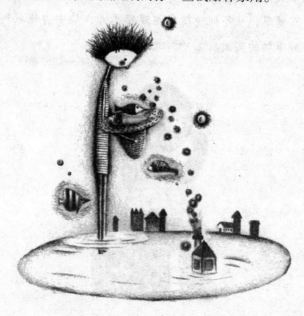

哈利抱着一大堆退稿信，又读着家里人的信，忍不住哭了。他在海军服役的 15 年里，虽然很苦，可也没有中断过写日记，记录自己认为有用的东西。而今，这些全都变成了一钱不值的废物，三十几岁的人了，不仅不能挣钱养家，还要靠朋友的接济度日，再这样下去真是太窝囊了。

突然有一天，服役时的一个战友詹姆斯给哈利打来电话，此时他住在洛杉矶。他在服役的时候曾经拿哈利的日记开过玩笑。

"嗨，哈利，你的大作什么时候能够卖出去，好还你当年欠我的 100 美元？"

哈利的心隐隐作痛，"兄弟，别拿我开玩笑了，我现在真的是一贫如洗。"詹姆斯说："得了，趁早别写那些鬼东西了，我们这里缺一个餐厅领班，一般来说，一年能挣 5000 美元，怎么样，老兄？考虑一下，如果你愿意，下周就过来上班，这可是个人人眼馋的缺儿啊！"

"一年 5000 美元，我不仅可以还清欠债，还能寄一半给家里，再租一间体面点儿的房子，兴许还能存点钱。拿到钱后，我一定要请杰克去吃一顿，这些年，我欠他太多了……"

就在哈利满心欢喜地盘算着如何花掉 5000 美元的时候，他忽然想到，他的目标是成为一个专业作家，而不是餐厅领班。

"不，詹姆斯，我想我还是不去了，谢谢你的好意，我还是想写我的鬼东西。"

放下电话，哈利的心情复杂极了，唾手可得的大好机会就此放弃，而口袋里的 10 美分都不够吃上一顿饭的啊。"哈利，这就是你拼命想完成的无用的鬼东西。"但哈利坚信总有一天那些看似无用的东西能改变他的命运。

后来，当人们厌倦了惺惺作态和玩世不恭的文字之后，哈利那些描写冒

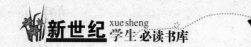

险、海军生活、战争的作品开始被编辑们看好。终于，在哈利潜心写作 16 年之后，也就是他离开部队 10 年之后，他的第一本书出版了。这部描写海军生活的小说被改编成电影，并被译成多国文字发行。从那以后，哈利一举成名，他的稿约不断，他也搬进了豪华别墅，开始用他的笔谋生。

成长笔记

梦想不是空洞的言语，也不是玩世不恭的处世态度，而是为理想而奋斗的坚定信念，亦是一种矢志不渝的追求。正是有了它，人生的价值才得以彰显，生命的意义才得以体现。

坦诚的爱心

鸣 沙

2001 年 6 月 12 日，英国卫生大臣亲手将一枚金灿灿的奖章，授予一位名叫邦瑟、年逾七旬的老人。

邦瑟居住在东伦敦，他在 18 岁的时候曾当过实习飞行员。后来，他在一次飞行事故中受了伤，接受了输血，却因此触发了他体内的奇异反应，使他的血液里产生了大量的特效抗体。

他从医生那里知道自己的血液中含有很多抗体以后，便开始献血。后来，英国国家输血服务部门根据他献血的记录作出推断，邦瑟的血液已使三万多个生命与死神擦肩而过！这是一个多么令人震撼的数字！

有一次，报社记者在采访邦瑟的时候，问他："你是否因为拯救了那么多可爱的生命，而感到极大的欣慰呢？"听了之后，他坦诚地回答说："这么多年来，那种因为拯救别人生命而带来的欣慰感，并不像起初那么强烈了。但是，我知道这个世界上是不能缺少爱的，为了这份责任，我必须要求自己这么去做。而那一份最崇高的快乐，是应该由孩子和他们的父母一起去体会的。"

无欲之爱，是大爱，是这个世界上最具有魅力的爱！

成长笔记

人总是在寻觅学习上的导师，殊不知，真正的导师就是生活本身，它让我们在万事万物中体悟，在人生的风雨中磨砺，在岁月的长河中洗礼，从而获得生命的真谛。

苏秦刺股

李 践

苏秦自幼家境贫寒、温饱难继，读书自然是很奢侈的事。为了维持生计和读书，他不得不时常帮别人打短工，后又离乡背井到齐国拜师求学，跟鬼谷子学纵横之术。

苏秦自恃学业有成时，便迫不及待地告别师友，游历天下，以谋求功名利禄。一年后他不仅一无所获，自己的盘缠也用完了，没办法再撑下去，于是他穿着破衣草鞋踏上了回家的路。

到家时，苏秦已骨瘦如柴，全身肮脏不堪，满脸尘土，与乞丐无异。其落魄景象，溢于言表，令人同情。

妻子见他这个样子，摇头叹息，继续织布；嫂子见他这副样子，扭头就走，不愿做饭；父母、兄弟、妹妹不但不理他，还暗自讥笑他说："按我们周人的传统，你应该安守自己的产业，学习做生意、以赚取 1/5 的利润；现在却好，你放弃这种最根本的事业，去卖弄口舌，落得如此下场，真是活该！"

此情此景令苏秦无地自容，他关起房门，不愿意见人，对自己作了深刻的反省："妻子不理丈夫，嫂子不认小叔子，父母不认儿子，都是因为我不争气，学业未成而急于求成啊！"

他认识到了自己的不足，重振精神，搬出所有的书籍，又开始发愤再读书，他

想到："一个读书人，既然已经决心埋首读书，却不能凭这些学问来取得尊贵的地位，那么书读得再多，又有什么用呢！"

于是，他从这些书中挑出一本《阴符经》，用心钻研。

他每天研读至深夜，有时候不知不觉伏在书案上就睡着了。第二天醒来，他懊悔不已，痛骂自己无用，但又没有什么办法不让自己睡着。有一天，他读着读着实在倦困难当，不由自主地扑倒在书案上，但他猛然惊醒——手臂被什么东西刺了一下，一看是书案上放着的一把锥子，他马上想出了制止自己打瞌睡的办法：锥刺股（大腿）。以后每当要打瞌睡时，他就用锥子扎自己的大腿一下，让自己猛然"痛醒"以保持苦读状态。他的大腿因此常常是鲜血淋淋，惨不忍睹。

家人见状，心有不忍，劝他说："你一定要成功的决心和心情可以理解，但不一定非要这样自虐啊！"

苏秦回答说："不这样，就会忘记过去的耻辱；唯有如此，才能催我苦读！"

经过"血淋淋"的一年"痛"读，苏秦很有心得，写出《揣》、《摩》二篇。这时，他充满自信地说："用这套理论和方法，可以说服许多国君了！"

于是苏秦开始用平生所习得的学识和"锥刺股"的精神意志，游说六国，终获器重，挂六国相印，声名显赫，开始了自己辉煌的政治生涯。

成长笔记

妻子的冷漠令人心寒；家人的讥讽令人悲哀。也许正是这世态炎凉让苏秦下苦心、立壮志。在忍受了无边的寂寞之后，在经受了刺股的痛苦之后，他终于充满自信地走上了政治舞台。

人人都可能当总统

〔美国〕乔治·沃克·布什

　　我很荣幸能在这个场合发表演讲。我知道，耶鲁向来不邀请毕业典礼演讲人，但近几年来却有例外。虽然破了例，但条件却更加严格——演讲人必须同时具备双重身份：耶鲁校友、美国总统。我很骄傲在 33 年前领取到第一个耶鲁大学的学位。此次，我又荣获耶鲁荣誉学位，更感光荣。

　　今天是诸位学友毕业的日子，在这里我首先要恭喜家长们："恭喜你们的子女修完学业顺利毕业，这是你们辛勤栽培后享受收获的日子，也是你们钱包解放的大好日子！"最重要的是，我要恭喜耶鲁毕业生们："对于那些表现杰出的同学，我要说，你真棒！对于那些丙等生，我要说，你们将来也可以当美国总统！"

耶鲁学位价值不菲。我时常这么提醒切尼（现任美国副总统），他在早年也曾短暂就读于此。所以，我想提醒正就读于耶鲁的莘莘学子，如果你们从耶鲁顺利毕业，你们也许可以当上总统；如果你们中途辍学，那么你们只能当副总统了。

这是我毕业以来第二次回到这里。不过，一些人、一些事至今让我念念不忘。举例来说，我记得我的老同学狄克·布洛德翰，如今他是伟大学校的杰出校长，他读书时的聪明与刻苦至今让我记忆犹新。那时，我们经常泡在校图书馆那个有着大皮沙发的阅览室里。我们两个很默契：他不大声朗读课文，我睡觉不打呼噜。

后来，随着学术探索的领域不同，我们选修的课程也各不相同，狄克主修英语，我主修历史。但有趣的是，我选修过 15 世纪的日本俳句——每首诗只有 17 个音节，我想其意义只有禅学大师才能明了。我记得一位学科顾问对我选修如此专精的课程表示担忧，他说我应该选修英语。现在，我仍然时常听到这类建议。我在其他场合演讲时，在语言表达上曾被人误解过，我的批评者不明白，我不是说错了字，我是在复诵古代俳句的完美格式与声韵呢。

我很感激耶鲁大学给我们提供了这么好的读书环境。读书期间，我坚持"用功读书，努力玩乐"的思想，虽然不是很出色地完成了学业，但结交了许多让我终生受益的朋友。也许有的同学会认为，大学只是人生受教育的重要部

分，殊不知，"大学生活"这四个字的内涵十分深厚，它既包含丰富的学科知识和学术氛围，也蕴涵着许多支撑人生成败的观念，还有那丰富多彩的生活以及诸多值得结交的朋友……

大家常说"耶鲁人"，我一直不能确定那是什么意思。但是我想，这一定是含着无限肯定与景仰的褒义词。是的，因为耶鲁，因为有了在耶鲁深造的经历，你、我、他变成了一个个更加优秀的人！你们离开耶鲁后，我希望你们牢记"我的知识源自耶鲁"，并以你们自己的方式、自己的时间、自己的奋斗来体现对母校的热爱，听从时代的召唤，用信心与行动予以积极响应。

你们每个人都有独特的天赋，你们拥有的这些天赋就是你们参与竞争、实现人生价值的资本，好好利用它们，与人分享它们，将它们转化为推进时代前进的动力吧！人生是要让我们去生活，而不是让我们来浪费的！只要肯争上游，人人都可能当总统！

这次我不仅回到了母校，也回到了我的出生地，我就是在母校的几条街之外出生的。在那时，耶鲁与无知的我仿佛相隔了一个世界之遥，而现在，她是我过去的一部分。对我而言，耶鲁是我知识的源泉，力量的源泉，令我极度骄傲的源泉。我希望，将来你们以另外一种身份回到耶鲁时，能有与我一样的感受并说出相同的话。我希望你们不要等太久，我也坚信耶鲁邀请你回校演讲的日子也不会等太久。

成长笔记

　　每个人都有自己独特的天赋，布什的演讲鼓励了大家，也告诉人们只要努力将梦想付诸于行动，每个人都能取得成功，人人都可以当总统。其实，在自己的国度里，每一个人都是自己的总统，主宰着自己的生活与命运。

笨是聪明之母

俞敏洪

中国有个成语叫"笨鸟先飞"，用来鼓励那些笨人。但人都是十月怀胎来到这个世界的，没有办法提前出生，所以没有办法先飞起来；开始上学时都是在同一个年龄，也没有太多的办法提前飞起来；等到发现自己比别人笨时，别人已经飞到前面去了，所以想先飞都不可能。那笨鸟能不能飞到目的地

呢？答案是能，但需要有一个条件，那就是"笨鸟多飞"，你既然先飞不了，飞得比别人慢，那就比别人多飞一点，用更多的时间和努力来弥补自己先天的不足。

在小学的时候，我就发现自己很笨。小学语文老师要求所有学生把课文背出来，很多同学只要在课余时间把课文读几遍，就能够到老师面前去背诵了，背出来后，老师会在课文标题的上方用钢笔写上一个大大的"背"字，表明学

生已经把课文背出来了，背出课文来的学生从此就可以万事大吉，不用再挨老师的白眼和折磨了。但我无论怎样努力都不能在当天把课文背出来，而是通常要努力好几天或者一个星期，读上成百上千遍，才能够把课文背出来。老师的白眼没有少挨，但后来好处也渐渐显现出来，那些背诵速度很快的同学，又很

快把背出来的课文忘记了。原来背诵的速度和遗忘的速度是成正比的，背诵的速度越快，遗忘的速度也越快。而我由于要读无数遍才能够把课文烂熟于心，就不太容易忘记了。到期末考试的时候，很多同学又开始重新背诵课文，而我却依然能够把很多课文从头到尾背出来，不用复习太多就能够应对考试。

有一个故事说雄鹰飞到金字塔的顶端只要一瞬间，而蜗牛爬到金字塔的顶端需要几年。同样的一件事，一个目标，有些人一瞬间就能够完成，有些人却需要用一辈子的努力去实现。我们可以把那些依靠自己的天赋轻而易举就完成一个目标的人叫做天才，但这个世界上天才人物毕竟是少数，否则他们就不会被叫做天才了。事实是，这个世界并不是由天才所统治的，而是由那些经过艰苦卓绝的努力实现自己的目标并养成坚忍不拔的个性的人所统治的，我们可以把这些人叫做地才。地才就是脚踏实地，通过点点滴滴的努力实现自己目标的人才，很像是爬金字塔的蜗牛一样，需要超常的耐力和更多的时间。如果有一件事情摆在我的面前需要我去完成，我宁可选择更艰难的道路，就像蜗牛一样爬上金字塔而不是像雄鹰一样飞上金字塔，我的生命会因此留下更多的回忆和令人感动的瞬间。做一件事不需要努力，就像谈恋爱不需要追求，登山不需要攀爬一样，不会给我们的生命留下任何足以品尝的味道。当我们站在某一个点上回望过去，凡是能够珍藏心中的日子都是我们付出了汗水和艰辛的日子，是回忆起来让我们感动得泪流满面的日子。

看过《阿甘正传》的人没有一个不被阿甘的生命轨迹所感动，阿甘是一个笨人，是一个傻人，却又成了人们心目中最成功的人。他因为被同学欺负不得

不拼命奔跑，结果成了跑得最快的橄榄球队员；他傻得连自己的命都不要而去抢救战友，结果成了民族英雄；他一心练习乒乓球，结果成为了世界冠军；他努力捕虾一无所获但绝不放弃，结果成了最著名的捕虾大王；哪怕他没有目的地的环球跑步，也为他赢得了一大堆的追随者。我们可以得出的结论是，一个笨的人并不等于没有成就的人，他身上只要具备两样东西就能够像阿甘一样总有收获，这两样东西一个是目标，一个是专心的坚持，而结果就是自然而来的，就算没有结果也有收获，因为你毕竟有了与众不同的经历。从北京到天津，聪明的人一定会向东走，在几个小时后就能够到达天津，愚笨的人可能会向西走，几年以后绕地球一圈走到了天津。但笨人并不一定吃亏，因为这几年中他实际上已经游历了世界的山山水水，经历了人世间的风风雨雨，在万里苍茫之后再来看天津，其色彩和深度绝非几个小时后到达天津的人能够相比的。

因此，笨有笨的好处。意识到自己笨，正是聪明的开始；意识到自己因为笨，所以要努力，是迈向成功的开始；意识到自己因为笨，所以要专心超常地努力，是取得成就的开始；意识到自己因为笨，不仅仅需要超常努力，还要心平气和给自己足够的时间和耐心，是成为天才的开始。

成长笔记

"笨鸟先飞"是笨者成功的最佳选择。也许先天的智力因素会有一定的差距，这就注定你要比别人付出更多的努力和精力才能飞到你想要的高度，但是，当你从容地在那个高度回望时，你会发现所有的努力都是美好的回忆。

匡衡凿壁偷光

关宇俭

西汉时候，有个农民的孩子叫匡衡。他小时候很想读书，可是因为家里穷，没钱上学。后来，他跟一个亲戚学认字，才学会了看书写字。

可是匡衡的家里很穷，他买不起书，只好向别人借书来读。那个时候，书是非常贵重的，有书的人不肯轻易借给别人。于是，匡衡为了能看到书就想了个好办法，就是在农忙的时节给有钱的人家打短工，不要工钱，只求人家借书给他看。

过了几年，匡衡长大了，成了家里的主要劳动力。他一天到晚在地里干活，没有什么时间看书，只有中午歇晌的时候，才有工夫看一点儿书，所以一

卷书常常要十天半月才能够读完。遇到这种情况，匡衡很着急，心里想：白天种庄稼，没有时间看书，我可以多利用一些晚上的时间来看书。可是匡衡家里很穷，买不起点灯的油，怎么办呢？

有一天晚上，匡衡躺在床上背白天读过的书。背着背着，突然看到东边的墙壁上透过来一线亮光。他霍地站起来，走到墙壁边一看，啊！原来从壁缝里透过来的是邻居家的灯光。看着那微弱的灯光，匡衡灵光一闪，想：要是我把洞弄得大一点的话，就像有了一盏灯，这样不就可以看书了吗？于是，他拿了一把小刀，把墙缝挖大了一些。这样，透过来的光亮也多了，他就凑着透进来的灯光津津有味地读起书来借着隔壁的光，匡衡读的书比以前的多了很多，可是读了这些书后，他深深感到自己所掌握的知识远远不够，他想要多读一些书的愿望就越来越强烈了。

在匡衡家的附近有户大户人家，家里有很多的藏书。他想了很久，终于想到了一个读书的好办法。一天，他扛着铺盖出现在大户人家的门前。他见了主

人，对他说："请你收留我吧，我给你家白干活不要报酬，只是你要让我阅读你家里的全部书籍。"主人知道了他的来意后，被他的求学精神感动了，就答应了他看书的要求。

就这样，匡衡一直在艰苦的环境中坚持求学，阅读了大量的书籍，掌握了许许多多的知识，通过自己的不懈努力，成为了西汉时期有名的学者，后来他还做了汉元帝时期的丞相。

成长笔记

沐浴在柔和明亮的灯光下，我们很难想象匡衡"偷"来的那一缕微弱的光，这光亮不仅照亮了匡衡手中的书本，更照亮了他走向成功的路途。让我们记住这个典故，记住匡衡在艰苦环境下坚持苦学的精神。

张立勇：清华食堂的高才生

刘新平　马樱健

因为贫穷，他放弃了自己的大学梦，高中的辍学成为千万农民工中的一名，踏上漫漫的自学成才之路。因为理想，他坚守初衷、忍受寂寞，坚持自学英语十多年，通过国家等级考试、获得托福高分，做了很多大学生做不到的事情。

为还债辍学打工

张立勇出生在江西赣南山区的一个小山村，从小学到中学，他每年都是学校的三好学生。然而，1992 年秋，高二开学刚刚一个月，张立勇便辍学了。

"家里的经济条件不太好，那年刚盖了三间新土坯房，盖房子的钱全都是借的，欠了一屁股的债，大概有几千块吧。尽管父母节衣缩食，但家里的光景还是一天不如一天，有时穷到向人家借米借面……新盖的房子很快就漏雨了，可这时家里再也拿不出钱来修补，别人家也不愿再借钱给父亲了……"看着父

母日夜操劳的背影，想想那笔压在一家人头顶上的巨债，作为家里的长子，张立勇不得不离开校园。

第二年，张立勇怀揣几本高中课本南下广州，开始了他的打工生涯。他先是落脚在一家竹艺厂，一天十二个小时在流水线上，工资却少得可怜，看书更成了奢望。

不久，张立勇进入一家中外合资的玩具厂，在这个玩具厂工作的经历改变了他的人生道路。

厂里制作的玩具都是销往国外的，所以订单、包装等都是英文字母，如果看不懂这些外国文字，玩具的尺寸、颜色、填充物要多少等就都无法确定，更无从下手，于是张立勇从帆布包里掏出了高中英语课本，又买来英语词典当助手，对照着包装箱上的英文，再翻译出汉字来。每翻译出一个单词，他的心里就像喝了蜜一样甜，学习英语的兴趣越来越浓。

一天，张立勇正和工友们在搬运包装箱，迎面走来几个美国人，热情地向他们打招呼，说了一大串英文。张立勇一句都没听懂，美国人身边有一个西装革履的中国人向他们解释说："老外说我们中国人很勤奋，做的玩具很好。"然后回过头又与美国人谈笑风生，十分潇洒。

这件事给张立勇留下了深刻的印象，此后接连几天他都郁郁寡欢，他每天都问自己："有没有可能把英语学好，成为一名翻译？别人能做到的，我为什么做不到？我就不相信自己和别人有多少差别。"张立勇从小的犟劲又上来了，"虽然没有学校的环境了，但我可以从头再来，一切不都是靠自己吗？"

随后，张立勇买回大堆的英语学习资料，正式开始了自学英语之路。

一个爱学习的人是会让人感动的

1996 年 6 月，在叔叔的帮助下，21 岁的张立勇来到了清华大学第十五食堂当一名切菜工。

张立勇带着憧憬来到清华，可失落也很快袭上心头：自己仅仅是一个食堂的切菜工，在清华又怎么样？直到三个月后，他才找到自己的兴趣。

清华园第三教学楼的天台上有一个"英语角"，每天晚上 8 点以后，一些爱好英语的学生和老师就会聚在那里，大声用英语交谈。张立勇第一次听工友们谈起它时，就到处找人打听，终于找到了那里的确切位置。

这天晚上，切了一天菜的张立勇没有像往常那样回到宿舍，而是揣着一颗忐忑不安的心，走进"英语角"。他缩在一个角落里，想开口说话，又不知该怎样表达自己的意思。一个小时过去了，他为自己始终是个局外人而心急如焚。这时有一个"英语角"的组织者走过来同他搭话。他的脸"腾"的一下

变得通红，愣在那里。那个人马上用中文说："没关系，慢慢学，试着说。"得到鼓励后，他结结巴巴地开口了。他把脑子里掌握的英文单词拼凑在一起，没想到那个人告诉他："我听懂了。"张立勇激动不已，他感到了一种动力。这以后，他成了"英语角"的常客，而且每次都有备而去，提前把自己想要表达的意思写下来，背熟了再开口。

很快，张立勇的"异己"行为引来了风言风语，厨房里的同事们在背后议论："学那些东西有什么用，不过是

想赶时髦，出风头吧！""瞧他装模作样的，学好了又怎么样？连厨师证都没混上呢，再学也是个切菜的！"

在工友眼里，他是个怪人，孤僻冷漠；在女孩子眼里，他只认书本，没有情趣；在父母眼里，他是个不肖子孙。有一次妹妹打电话来说母亲的病又犯了，急需要钱，他找遍了全身，竟只摸出了10元钱，连邮费都不够——区区几十元的工资，很大一部分都用来买英语教科书和辅导资料了。

21岁的张立勇第一次失眠了，三天下来，他整整瘦了一圈。但是看到扔在一旁的英语书，他仍然管不住自己走向"英语角"的脚步，只有在那里，他才能得到精神上的愉悦，才能找到真实的自己。尽管他学英语已经成了公开的事儿，可他还是很介意别人在背后的议论，学起来也刻意地躲着众人。直到有一天，他听了李阳的英语讲座，知道学英语是一件正大光明的事情，应当引以为荣，而且，英语是应该大声读出来的，于是，他就走到碗橱后面，大声背诵。他公然犯众怒的做法，让很多人心里不舒服，有人乒乒乓乓敲东西，嘴里骂着"神经病"以示抗议，但他已能坦然面对。

坚定了自己的理想后，他更加勤奋。他开始看英语杂志，每当看懂了一篇富有哲理、幽默诙谐的文章，他就会欣喜不已。上班的路上，他都塞着耳机听英语调频。他把一本《大学英语词汇》藏在放工作服的柜子里，切完菜、给学生卖完饭，一有空，哪怕只有两分钟，他也会取出书看两眼单词，背好一页就撕掉一页，一本书背下来，也全部撕完了，让他很有成就感。

"我始终把自己当做清华园的一名学生。"在张立勇的眼里，清华是块圣土，也正是清华"自强不息"、"行胜于言"的校训给了他无尽的动力。

　　食堂每年年底都要考核，为了能够长期留在清华，张立勇每次都抢着干食堂里那些最脏最累、别人不愿干的活儿，这样一来，学习英语的时间更少了。那段时间，张立勇常常熬到夜里两三点，因为第二天还要上早班，他买了三个闹钟，每天早上逼着自己起床，经常是走在路上都能睡着，但是他靠着"一定要学好英语"的信念，硬是坚持了下来。后来，食堂领导知道了张立勇的事情，实实在在地被感动了，破例允许他可以不上早班。

学英语是勇敢者的游戏

　　从1997年开始，张立勇为自己制订了一张近乎残酷的时间表，并严格要求自己的生活就以这张表为准则，一切都服从于它。在他的时间表上，他6点必须起床，6点15分到6点半出去跑步，6点半到7点背英语，7点到7点10分或者7点15分刷牙、洗脸，然后到食堂，7点30分上班；中午有15分钟吃饭时间，他通常控制在8分钟之内，剩下的8分钟背英语；中午1点钟听英语广播；晚上8点下班，学习英语到12点，深夜12点45分到1点15分收听英语广播。

要坚持时间表不动摇，就是对一个人毅力和耐心的考验。张立勇的休息时间很少，经常犯困，晚上8点多赶到教室，坐下来就想睡觉。有时他规定自己晚上教室关门之前要看20页书，结果一不小心趴在桌上睡着了，醒过来时教室就要关门了，连10页都没看完，这让他着实苦闷了一阵子。后来，他看见上自习的同学都打水喝，于是也买了一个大水杯。别人的水一般是凉了再喝，而他是趁着热气腾腾的时候喝，开水烫得他全身一颤，舌头痛得不行，然而睡意却马上就消失了。后来只要一犯困，张立勇就用这个办法，烫的次数多了，舌头也逐渐失去了味觉。

张立勇另外一个克服惰性的办法是在自己的床头写上"克己"、"在年轻人的词典里永远没有失败这个词"、"行胜于言"、"挑战自我"等警句，每当他看到这些字的时候，他就提醒自己：你不能偷懒，至少你目前不能偷懒；你不能喝酒；你不能谈女朋友；你没有时间打牌；你还没有资格享受。他时时刻刻以各种方式提醒自己。

除了严格按时间表学英语，大胆张嘴说英语，张立勇还摸索出了一个学习英语的诀窍：北京城是移动的英语词典，处处留心皆英语。

成长笔记

一个普通的农民工，一个高中辍学的青年，一个对梦想有着坚定信念的求学者，张立勇以其惊人的毅力和不懈的努力创造了一个神话般的奇迹。他的事迹让我们明白，只要鼓起追寻梦想的勇气，任何人都能拥抱成功。

一代硬汉海明威

宋毅　田杰

在 1899 年 7 月 21 日，欧内斯特·海明威出生在世界五大湖之一的密执安湖南岸，一个叫橡树园的小镇。

家里一共有 6 个孩子，海明威是第二个。母亲很有修养，热爱音乐。父亲是一位杰出的医生，又是个钓鱼和打猎的能手。海明威 3 岁时，父亲给他的生日礼物是一根鱼竿儿；10 岁时，父亲送给他一支一人高的猎枪。父亲的影响使海明威终生充满了对捕鱼和狩猎的热爱。海明威 29 岁时，父亲因为患糖尿病和经济困难，用手枪自杀了。

14 岁时，海明威在父亲支持下报名学习拳击。第一次训练，他的对手是个职业拳击家，海明威被打得满脸鲜血，躺倒在地。可是第二天，海明威裹着纱布还是来了，并且纵身跳上了拳击场。20 个月之后，海明威在一次训练中被击中头部，伤了左眼。这只眼睛的视力再也没有恢复。

中学毕业以后，海明威不愿意上大学，渴望赴欧参战。因为视力的缘故未被批准。他离家来到堪萨斯城，在《堪萨斯明星报》做了见习记者。

1918 年 5 月，海明威如愿以偿地加入了美国红十字战地服务队，来到第一次世界大战的意大利战场。7 月初的一天夜里，海明威的头部、胸部、上肢、下肢都被炸成重伤，人们把他送进野战医院。海明威的一个膝盖被打碎了，身上中的炮弹片和机枪弹头多达二百三十余块。他一共做了13次手术，换上了一块白金做的膝盖骨。有些弹片没有取出来，到死都留在体内。他在医院里躺了三个多月，得到了意大利政府颁发的十字军功勋章和勇敢勋章，这时他刚满19岁。

大战后海明威回到美国，战争除了给他的精神和身体带来痛苦外，没有带来任何值得高兴的事。旧的希望破灭了，新的理想又没有建立，他的前途渺茫，思想空虚。

尽管这样，海明威依旧勤奋写作。1919年夏秋，他写了12个短篇，寄给报社又被全部退回。母亲警告他：要么找个固定的工作，要么搬出去。海明威从家里搬了出去，因为什么也改变不了他献身于文学事业的决心。他只想做第一流的、最出色的作家。

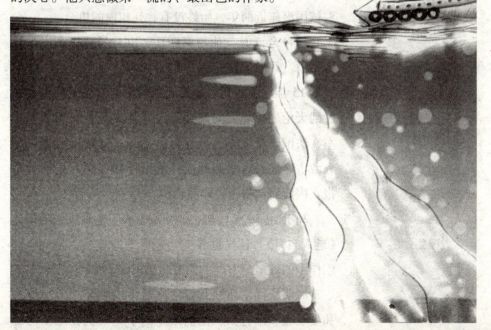

1920 年的整个冬天，他独自坐在打字机前，一天到晚写作。有一次参加朋友们的聚会，海明威结识了一位叫哈德莉的红发女郎。她比海明威大 8 岁，她成了海明威的第一任妻子。这时海明威 22 岁。

1922 年冬天，他赴洛桑参加和平会议时，哈德莉在火车站把他的手提箱丢失了。手提箱里装着他的全部手稿，1 个长篇、18 个短篇和 30 首诗。这使海明威痛苦万分又毫无办法，只能重新开始。

1936 年 7 月西班牙内战爆发。海明威借款 4 万美元为忠于共和国的部队买救护车。为了还清债务，他作为北美报业联盟的记者到西班牙采访，并拿起武器参加了战斗。西班牙内战以共和军失败而告结束，这让海明威十分难受，他写了他一生中唯一的剧本《第五纵队》，歌颂献身于正义事业的人们。

海明威始终态度鲜明地反对法西斯主义。日本偷袭珍珠港，美国对日宣战的当天，海明威就参加了海军。他以自己独特的方式参战。他改装了自己的游艇，配备了电台、机枪和几百磅炸药。他的行动计划是，在古巴北部海面搜索德国潜艇。如果发现潜艇，就全速前进，撞击敌船，与之同归于尽。这项计划不但得到了美国驻古巴大使布接顿的批准，而且得到了美国情报参谋部的赞同。海明威指挥船员在海上追踪德国潜艇近两年，始终没有找到相撞的机会。

1944 年 3 月，他与第四任、也是最后一个妻子玛丽结婚。玛丽是位记者，她陪伴海明威走完他生命的最后 15 年。她的到来使海明威的生活充满了从未享受过的天伦之乐和人间温暖。1944 年 6 月，海明威随美军在法国诺曼底登陆。他自己率领一支法国游击队深入敌占区侦察，不断地向作战指挥部提供大量珍贵情报，因此而获得一枚铜质勋章。

20 世纪 50 年代初，海明威发表了他最优秀的作品《老人与海》。这是世界文学宝库中的珍品，是他全部创作中的瑰宝。不久，他因此而获得了普利策奖。

海明威怀念非洲和狩猎生活。1954 年 1 月，他又和妻子去非洲打猎。他们乘坐的小型飞机在尼罗河源

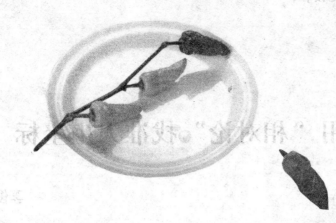

头附近不幸坠落，两人都受了伤。人们都认为海明威夫妇遇难了。但55岁的海明威并不在意，他们又换乘飞机飞往乌干达首都。飞机只飞了片刻便一头栽到一个种植园里。几秒钟后飞机爆炸，引起大火。海明威拉着玛丽从飞机的残骸和火焰中爬了出来。

玛丽几乎不能动弹了。海明威帮助当地农民扑灭了大火，然后陪玛丽去医院。

玛丽的伤并不重，只是断了两根肋骨。伤势严重的是海明威自己。病历卡上写着长长的一串病名：关节粘连、肾挫伤、肝损伤、脑震荡、二度和三度烧伤、肠道机能紊乱……荣获诺贝尔奖之后的几年，他没有发表过重要作品。他的健康每况愈下，写作时越来越吃力。他的高血压症、糖尿病、铁质代谢紊乱、皮肤癌、精神抑郁症等一大串疾病，使他完全丧失了工作能力。1961年7月2日清晨，这位身高1.83米、体重100千克的巨人，把心爱的双筒猎枪放进嘴里，扣动了扳机。

海明威死了，但他塑造的硬汉形象永远活着。

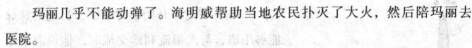

成长笔记

海明威的一生流满了磨难，似乎他的人生就是由各种各样的困境组成，但他用坚强的毅力与执著的信念告诉我们：人生没有绝境，再冷的严寒也终究会被阳光温暖，当风吹过荒漠，带来的必将是春暖花开。

用"相对论"找准人生坐标

李俊杰

现代物理学的创始人和奠基人阿尔伯特·爱因斯坦曾经被校长认为"干什么都不会有作为"的笨学生，但经过艰苦的努力，他成了现代最杰出的物理学家。

小时候的爱因斯坦给别人最大的印象就是"笨"。他3岁时才开始咿呀学语，当他的妹妹能够用语言与人很流利地交流时，他说起话来却还是支支吾吾，前言不搭后语，而且举止十分迟钝。直到10岁时，他才上学。在学校里，爱因斯坦被老师和同学嘲笑，大家都称他为"笨家伙"。有的老师甚至指着他的鼻子骂："这鬼东西真笨，什么课程也跟不上！"

在讥讽和侮辱中，爱因斯坦慢慢地长大了。在中学里，孤独的他开始在书籍中寻找寄托，寻找精神力量，尤其是对物理学特感兴趣。在这个过程中，他经常被自己设想的一个个问题苦苦折磨。有一次，爱因斯坦上物理实验课时，不慎弄伤了右手。老师看到后叹了口气说："唉，你为什么非要学物理呢？为什么不去学医学、法律或语言呢？"爱因斯坦回答说："我觉得自己对物理学有一种特别的爱好和才能。"

就是因为爱因斯坦对物理有着特殊的感情，促使他对传统物理学进行了反思，取得了巨大的成果。他相继提出了狭义相对论和广义相对论等一系列带来物理学革命的伟大理论，从而推动物理学向前迈进了一步又一步。

成长笔记

　　每一个人都有自己的才能，每一个人在人生的坐标中都能找到属于自己的那个点。在那一点上，你能将才华发挥到极致，从而更容易走向成功。如果你还在为不能轻松做好工作而苦恼，不妨静下心来寻找你的位置，挖掘真正属于你的才能。

在生命的低谷中演绎神话

蒋二彪

他颈椎以下的部位全部瘫痪,四肢已经变形、僵硬、泛黑。在木床上躺了近三十年的身体,只有头部还听使唤。但他还是庆幸自己能拥有一天又一天。

他叫林豪勋,台湾东卑南人。他 28 岁那年无意中从二楼摔下,造成颈椎以下全身瘫痪,这突如其来的灾难打乱了他的人生布局,使他的生命顿时乱了谱。

卧床的头两年,林豪勋几乎绝望。姐姐告诉他:"自怨自艾只不过是在践踏自己。真正的男子汉应该有勇气开创未来。"他的心灵因此受到了很大的触动。

1990 年底，朋友送他一台淘汰的 286 电脑。从此，林豪勋开始成为"啄木鸟"——他躺在床上，咬着加长的筷子敲击键盘。尽管门牙咬得缺了半截，舌头经常磨破皮，但他仍然顽强地在电脑上"啄"着生命的乐章。

他搜集了 5000 个单字，整理了当地卑南部落 260 户族谱。接着又编写了工程浩大的《卑南字典》，以 16 个子音、4 个元音完成了 5000 个族语的记录。1993 年接触到电脑音乐后，便又以饱满的热情投入到创编卑南族古老歌谣之中，他多次成功举办怀乡歌谣演唱会，还在台湾省巡回演出，甚至远赴日本、加拿大等国演出。他还完成了气势磅礴、深富意境的第二张个人计算机音乐专辑。

他的毅力和精神让很多人湿了眼眶，他也因此获得杰出残疾人士金毅奖。

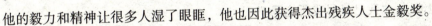

成长笔记

命运的不幸并没有击垮林豪勋对生活的信念，他凭着一张嘴、一根竹筷和一台电脑，顽强地敲响了生命新的乐章。其实人生就是这样，无论你身处低谷还是站在山巅，只要心中春风洋溢，人生的任何一个时候都是你最美的春天。

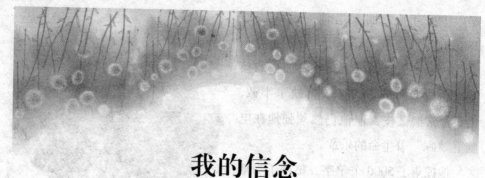

我的信念

[美国] 居里夫人

　　生活对于任何一个男女都非易事，我们必须有坚忍不拔的精神，最要紧的是我们自己要有信心。我们必须相信我们对一件事情有上天赋予的才能，并且无论付出任何代价，都要把这件事情完成。当事情结束的时候，要能够问心无愧地说："我已经尽我所能了。"

　　有一年的春天，我因病被迫在家里休息数周。我注视着我的女儿们所养的蚕结着茧子，这使我极感兴趣。望着这些蚕固执、勤奋地工作着，我感到我和它们非常相似，像它们一样，我总是耐心地集中在一个目标。我之所以如此，或许是因为有某种力量在鞭策着我——正如蚕被鞭策着去结它的茧子一般。

　　在近五十年里，我致力于科学的研究，而研究基本上是对真理的探索。我有许多美好快乐的回忆。少女时期我在巴黎大学，孤独地过着求学的岁月。在后来一段时期中，我丈夫和我专心致志地，像在梦幻之中一般，艰辛地在简陋的书屋里研究，后来我们就在那儿发现了镭。

　　在生活中，我永远追求安静的工作和简单的家庭生活。为了实现这个理

想，后来我要竭力保持宁静的环境，以免受人事的侵扰和盛名的渲染。

我深信在科学方面，我们的兴趣是对事而不对人的。当皮埃尔·居里和我决定是否应在我们的发现上取得经济上的利益时，我们都认为这是违反我们的纯粹研究观念的。因而我们没有申请镭的专利，也就抛弃了一笔财富。但我坚信我们是对的。诚然，人类是需要寻求现实的人，而我们在工作中已获得了最大的报酬。

而且，人类也需要梦想家——他们对于一件忘我的事业的进展受了强烈的吸引，使他们没有闲暇，也无热诚去谋求物质上的利益。我心唯一奢望的是在一个自由国家中，以一个自由学者的身份从事研究工作。我从没有视这件权益为理所当然的，因为在 24 岁以前，我一直居住在被占领和蹂躏的波兰。我估量过法国自由的代价。

我并非生来就是一个性情温和的人。我很早就知道，许多像我一样敏感的人，甚至受了一言半语的呵责便会过分懊恼，他们尽量隐藏自己的敏感。从我丈夫温和沉静的性格中，我获益匪浅。当他猝然长逝后，我便学会了逆来顺受。

年纪愈老，我愈会欣赏生活中的种种琐事，如栽花、植物、建筑，对诵诗和眺望星辰也有一点兴趣。

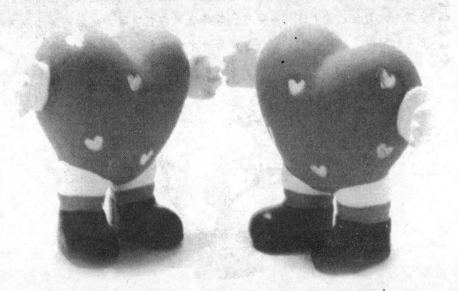

　　我一直沉醉于世界的优美之中，我所热爱的科学也不断增加它崭新的远景。我认定，科学本身就具有一种伟大的美。一位从事研究工作的科学家，不仅是一个技术人员，他还是一个小孩子，在大自然的景色中好像迷醉于神话故事一般。这种魅力，就是使我终身能够在实验室里埋头工作的主要因素了。

成长笔记

　　梦想如花，令人沉醉；信念似春风，吹红了梦想的花朵。在平淡的生活中，为自己种下这样一朵花，等待春风将它唤醒，然后陶醉于花香弥漫的园中，这种美妙只有亲身经历过才能体会。

做自己的预言家

吴若权

　　回顾成长的岁月，有三件事离奇中又有点冥冥注定，每当我想起来的那一刹那，就会汗毛竖立、鸡皮疙瘩顿起，不得不对宇宙与自我之间的互动产生敬意！其中，两件是好事，一件是遗憾的事。

　　几年前，我家的房子过于老旧需要重新装修，我在整理收藏多年的书籍时，在自己高中二年级的国文课本最后一页，发现我在联考之前密密麻麻重复写下 100 次的预言："我会考上政治大学，我会考上政治大学，我会考上政治大学，我会考上政治大学……"

　　当时，我的功课并不顶尖，每个学期在班上的排名大约是第十名到第二十名，模拟考的成绩时好时坏，最好的状况也不过是全校第四十名，加上高中联考时曾遭受重挫，对升学一直没有信心，唯一能凭借的只是不断用功苦读。我是不懂读书方法，只会死读书的那种小孩，在事倍功半的情况下，能如愿考上

政治大学，实在是一则奇迹。

而更令自己觉得神奇的是，我几乎忘了自己曾经如此认真地写下对命运的预言："我会考上政治大学。"只是冥冥中一种信念的力量在催促着我用功而已。

事后，跟朋友聊起，他们都笑着说："如果当年你写的是'我会考上台湾大学'，也许命运又会不同。"

我同意他们的说法，也因此得到一个经验——要做梦，就做大梦，只要你意志坚定，并付诸行动，美梦就会成真。

第二次神奇的经历，发生在刚踏入社会的第五年。当时我转战于不同的职场，做了几份自己很喜欢、但别人并不看好的工作。有一位十分关心我的长辈特地约我进餐，想要了解我为什么跳槽换工作，还在百忙之中为杂志撰写专栏。

记得那是个冬日的午后，阳光暖暖地洒在他的身后，我面对他，很恭谨地说："我要成为一个快乐的多职人。"

他的笑容中带着几许惊异。在传统的观念里，这简直就是"不务正业"。

十几年后，再碰到这位长辈，他依然记得那个午后的对话，不过他的笑容里多了些许肯定，他说："没想到所有的'不务正业'都变成你的'正业'。"

其实当年对他说"我要成为一个快乐的多职人"时，只是一个概念，我心中也没有多大的把握，后来能够梦想成真，的确要感谢很多人的帮忙。

第三件事，想起来就只有遗憾了。母亲被高血压、肾病等慢性病缠身多年，又有家族遗传性的糖尿病，我常担心她的病情恶化或意外中风。虽然也曾多次提醒她要遵照医嘱按时服药、多做运动。但

我一忙，也就没有每天特别留意她的状况，倒是经常悲观地想起："万一她意外中风时，我要怎么处理？"

几年前，当母亲在菜市场因为脑血管破裂而昏倒，我被通知前往抢救时，心里升起一个念头："我最担心的事情，终于发生了……"经过急救后，母亲的身体已经大不如前，幸好有父亲陪伴她接受长期的治疗与复健，病情在医生的掌握之中。每当看见父亲扶着母亲走路的样子，我便十分后悔当时有那个"万一她意外中风时，我要怎么处理"的坏念头；更遗憾的是，我既然有过这种坏念头，为什么没有适时预防它的发生。

这些事情带给我很大的启示：除非天灾，否则生命没有意外，每个人都可以成为自己的预言家！信念的力量往往可以跨越现实的阻碍，结合所有对你有利的条件，构成一个神奇莫测的磁场。

只要你愿意立定志向，努力付诸行动——

美梦可以成真，它是世间最美丽的"预言"；

噩梦可以避免，它是最值得警惕的"寓言"。

作家保罗·科贺在《牧羊少年奇幻之旅》一书中说："没有一颗心，会因为追求梦想而受伤……当你真心渴望某样东西时，整个宇宙都会联合起来帮你的忙。"

成长笔记

在我们的人生之路上，每个人都有自己的梦想。既然选择了跋涉，就要不停行走，用汗水铺就道路，用飞扬的青春浇灌成功的花朵，让辉煌之路在脚下不断延伸……

铅笔的原则

李洪花　译

　　铅笔即将被装箱运走，制造者很不放心，把它带到一旁跟它说："在进入这个世界之前，我有五句话要告诉你，如果你能记住这些话，就会成为最好的铅笔。

　　"1. 你将来能做很多大事，但是有一个前提，就是你不能盲目自由，你要允许自己被一只手握住；"

"2. 你可能经常会感受到刀削般的疼痛，但是这些痛苦都是必须的，它会使你成为一支更好的铅笔；"

"3. 不要过于固执，要承认你所犯的任何错误，并且勇于改正它；"

"4. 不管穿上什么样的外衣，你都要清楚一点，你最重要的部分总是在里面；"

"5. 在你走过的任何地方，都必须留下不可磨灭的痕迹，不管是什么状态，你必须写下去。要记住，生活永远不会毫无意义。"

成长笔记

　　铅笔的"原则"包含了丰富的人生智慧，蕴藏了深刻的人生哲理。生活需要我们互相帮助，经历磨难，勇于改正错误，重视内涵并且坚定不移地走下去，只有这样，才能在生命的画卷上留下不可磨灭的印迹。

没 有 赢

刘 墉

今天你参加纽约市的演讲比赛，没能进入决赛，我和你的母亲一起去地铁车站接你，不是为了安慰，而是为了鼓励！

记得你上车时，我问你的第一句话吗？

我问："你是输了，还是没有赢？"

你当时不解地说："这有什么分别？"

我没回答，只是再问你："下礼拜在史泰登岛（Staten Island）的另一场比赛，你还打算参加吗？"

你十分坚决地说："要！"

于是我说："那么你今天是没有赢，而不是输了！"

一个输了的人，如果继续努力，打算赢回来，那么他今天的输，就不是真输，而是"没有赢"。相反地，如果他失去了再战斗的勇气，那就是真输了！

小时候，我读海明威的《老人与海》，里面说"英雄可以被毁灭，但是不能被击败"；当时只觉得那是一句很有哲理的话，却不太了解其中的意思。

后来我又读尼采的作品，其中有一句名言："受苦的人，没有悲观的权利。"我也不太懂，心想，已经受苦了，为什么还要被剥夺悲观的权利呢？

直到自己经过这几十年的奋斗争战，不断地跌倒，再爬起来，才渐渐体会那两段话的道理：

英雄的肉体可以被毁灭，但是精神和斗志不能被击败。受苦的人，因为要克服困难，所以不但不能悲观，而且要比别人更积极！

据说徒步穿过沙漠，唯一可能的办法是等待夜晚，以最快的速度走到有荫庇的下一站，中途不论多么疲劳，也不能倒下，否则第二天烈日升起，加上沙漠炙人的辐射，只有死路一条。

在冰天雪地中历险的人，也都知道，凡是在中途说"我撑不下去了，让我躺下来喘口气"的人，必然很快就会死亡，因为当他不再走、不再动，他的体温就会迅速降低，跟着就会被冻死。

记得陈光霖伯伯吗？他曾经自己请愿当战斗蛙人，是一个浑身是胆、充满斗志的人。

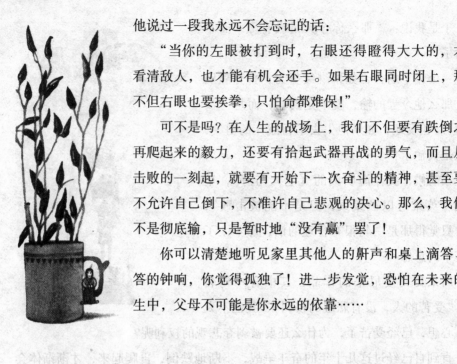

他说过一段我永远不会忘记的话：

"当你的左眼被打到时，右眼还得瞪得大大的，才能看清敌人，也才能有机会还手。如果右眼同时闭上，那么不但右眼也要挨拳，只怕命都难保！"

可不是吗？在人生的战场上，我们不但要有跌倒之后再爬起来的毅力，还要有拾起武器再战的勇气，而且从被击败的一刻起，就要有开始下一次奋斗的精神，甚至要有不允许自己倒下，不准许自己悲观的决心。那么，我们就不是彻底输，只是暂时地"没有赢"罢了！

你可以清楚地听见家里其他人的鼾声和桌上滴答、滴答的钟响，你觉得孤独了！进一步发觉，恐怕在未来的人生中，父母不可能是你永远的依靠……

成长笔记

人生的战场上，你可以被打倒，但不可以被打败。承认失败，就是失去了重新出发的勇气。在经受挫折的时候，要韬光养晦、积蓄力量，为下一次的挑战做好准备，要知道"江东子弟多才俊，卷土重来未可知"！

帕尔曼的小盆栽

大卫·卡尔

　　6岁的伊扎克·帕尔曼因患小儿麻痹症，不能像正常人那样走路，给学习和生活都带来了非常大的困难。他的父母担心这样下去会毁了儿子一辈子的幸福，便决定随淘金大队到美国落基山下去淘金，留下小帕尔曼跟着邻居菲利浦夫妇生活。菲利浦夫妇都是很善良的人，他们没有孩子，便将伊扎克·帕尔曼当成自己的亲生儿子一样看待。

　　小帕尔曼的父母临走时交给他一个小盆栽，小帕尔曼的父亲说，他已经在里面种了种子，明年春回大地时便会长出一株美丽的花来。到那时，他们便会带上淘金所得的钱回来给小帕尔曼治病。

　　小帕尔曼每天都要去看一看那个小盆栽，尽管离春天还很远，但只要看上小盆栽一眼，他就能安心地学习和生活。冬天很快就要过去了，小帕尔曼在心里默默地祈祷：小盆栽啊，你就赶快长出叶子开出花来吧，到那时，爸爸妈妈便会回到我的身边给我治病了。这时候，菲利浦夫妇总是微笑着说："小帕尔曼，你得每天给小盆栽浇上一点水。"可是春天都快要过去大半，小盆栽还是不见一点动静。

　　一天，菲利浦夫妇从报纸上得到了一个不幸的消息，小帕尔曼的父母在淘金的

时候遭遇了塌方，夫妻俩双双遇难。菲利浦夫妇紧紧地拥抱着痛哭了起来，多可怜的孩子啊，他们觉得从今后照顾好小帕尔曼的责任更加重大了。

春天就要结束的时候，小盆栽里还是没有长出任何东西来。菲利浦夫妇比小帕尔曼还要着急，会不会是因为那个小盆栽根本就没有种子，或者因为冬天的严寒，种子早就冻死了呢？突然，菲利浦先生想出了一个办法，他悄悄地在小盆栽里撒上了月季花的种子。

小帕尔曼依然每天去浇小盆栽，菲利浦夫妇也依然微笑着劝他要有耐心。突然有一天，小盆栽里真的长出了嫩嫩的芽，那居然是一株小月季。小帕尔曼高兴之余，又惊讶地自言自语："怎么会是这样呢，明明我种下的是百合，怎么长出来的是一株月季呢？"没过几天，小盆栽里果然又长出了一株百合。菲利浦太太笑着说："这没什么，说不定再过几天，还会长出一株康乃馨呢。"原来菲利浦太太也暗暗在里面埋下了种子。令菲利浦夫妇想不到的是，小帕尔曼竟然早就从报纸上知道了自己父母遇难的消息，他为了不让他们跟着自己一起难过，便假装不知道，在小盆栽里偷偷种下了百合。没料到几天后，小帕尔曼的父母种下的金盏菊也长出来了。菲利浦夫妇没想到小帕尔曼竟然有如此惊人的意志力，之后他们就让他学小提琴，最终使他走上了艺术之路。

小帕尔曼后来成为了当时世界上最引人注目的小提琴家之一。在他演出前印发的卡片上如此写道：伊扎克·帕尔曼（Ltzhak Perlman）生于以色

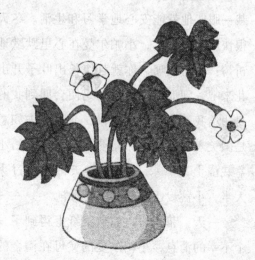

列的特拉维夫，6 岁开始学琴。1958 年，13 岁的帕尔曼被选送到美国电视台演出，随即移居美国。由于帕尔曼在 4 岁时患小儿麻痹症而终身残疾，但他却以超常的毅力克服了困难，最终成为世界级的小提琴大师。

成长笔记

丹麦作家安徒生曾说过："希望之桥就是从'信心'这个词开始的——而这是一条把我们引向无限博爱的桥。"正是由于帕尔曼对未来的生活充满了希望，他的小盆栽中才相继长出了月季、百合和金盏菊，也正是希望使他的人生像花儿一样从容地绽放。

因为您，我无法沉沦

月下听禅

1999 年，我考上了县里最好的高中。

开学那天是一个酷暑尚未离去的秋日，天气更有一种莫名的浮躁。在这样一个在空气中走动都会感觉到窒息的天气，没有谁喜欢在这时出行。但是，为了省下那来回 6 元钱的路费，父亲执意要用单车驮着我去那所知名的重点高中。

一路无言，在车子后面看见父亲单薄瘦弱的身体在烈日底下费力地蹬着单车，我原有的兴奋在不知不觉间遁于无形，心中只有一种莫名的凄凉。

到了学校把一切都安排妥当以后，已是正午。我要父亲喝点水休息一会儿再走，父亲执意不肯，说下午我还有课，要我好好休息，不要耽误了一下午的课程。父亲临走以前掏遍了身上的每一个口袋，也只找出了 4 块 4 毛钱要我先用着。望着从早上就滴水未进的父亲，想着他还要在烈日之下骑那么长时间的单车，我执意不肯收，然而终于还是没有拗过父亲，只好收下。父亲千叮万嘱，一再要我好好学习要用功要勤奋以后要有出息……

望着父亲在烈日底下渐行渐远的身影，低头看见父亲塞给我的钱，脑海中便不由浮现出父亲为我支付那笔昂贵的凌乱的费用时，收款人那不屑一顾的轻蔑神态……

我忍住想哭的冲动，把已旋在眼眶中

的泪水狠狠地逼了回去。为了父亲，我不哭，因为，父亲希望我坚强，所以，我必须拒绝眼泪。

高中三年，我经历了兴奋、欣喜、迷惘、无奈，终至失望绝望……

每天，我都在数理化中苦苦挣扎，在一次又一次的付出未果之后，我对自己已经彻底绝望，对学习已经没有了上进的信心和欲望。

终于，在高三那一年，我决定放纵自己，因为选择堕落要比选择勤奋容易得多……

我背弃了父亲的期望和我最初的信念，开始在心烦的时候选择逃课。在那一年，我甚至学会了喝酒。

我沉沦着我的沉沦，无视于老师和同学们形形色色的目光。

只是每一次回家，当我面对父亲时，我依然会是一个积极上进的好女儿，我会和父亲谈论各种各样的事情，只是每一次谈及学习谈及考试，我都会用大堆大堆冠冕堂皇的理由来掩饰。因为，我实在不想也不敢去伤害一颗慈父的心，所以在父亲看来，我依然是值得他骄傲的极有前途的好孩子……

2002 年 7 月 7 日，我怀着一定会落榜的自信走进了高考考场……

7 月 9 日，当我递交上最后一张考卷时，我已经彻底平静，麻木的平静。我无知无觉地走出考场，天地之间便只剩下了绝望。

那天，父亲忙完农活以后来接我时已是深夜，看见父亲疲惫而满足的面孔，麻木已久的心又一次被深深刺痛，也有了一种不可抑制的恐惧。

那段日子，我强忍住伤痛和父亲一起违心地讨论着大

学，心却在隐隐作痛，因为我知道，父亲终将会失望，因为他对我期望太高。在父亲面前，我向来很乖；在父亲面前，我从不任性；在父亲面前，我一直是一个听话上进的好孩子……

成绩的公布并没有因为我的不安而延缓半点儿……

那一年，我的分数只有532分，而本科线为556分。

当我平静地告诉父亲时，我不知道接下来将会发生什么，就算是从来都没有厉声斥责过我的父亲此时打我几巴掌，我也认了。在很长一段时间的令人窒息的静默之后，我惴惴地抬头，正与父亲的目光相对。很分明的，我看见父亲眼里有一些没有隐藏住的什么在一闪一闪地灼伤着我的眼睛。

　　那一天，从母亲口中得知，在我高考之前的两个月，父亲因为已经很严重的骨质增生去医院开了几服中药。然而不知是因为医生交代不明，还是因为父亲在用药过程中忽视了什么至关重要的注意事项，父亲在喝下其中一服药之后，忽然就晕厥过去，神志不清。惊慌无助的母亲在邻居的帮助下将昏迷不醒的父亲匆匆送往医院才得以脱险，父亲醒来以后的第一句话就是让母亲不要告诉我，以免打扰我，影响我高考……

　　然而，当时我又在干什么？

　　父亲一言不发，只是那么失望地注视我，让我除了深深的内疚和心痛之外别无感觉……

　　在一种莫名的突然袭来的冲动下，我撕碎了自求学以来所有的奖状和荣誉证书，在那些一直都被父亲视若珍宝、象征我曾经的荣誉、而今却换来耻辱的证明化作碎片漫无边际地飘落之时，我在父亲面前跪下了。

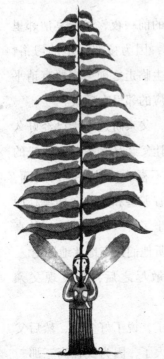

　　父亲在一声长长的叹息之后，推门离去，自始至终没有说一句话。

　　三年之前，对着父亲的背影我没有哭；三年之间，因为麻木我没有哭……

　　今夜，眼泪却已决堤。在我虚度了一千零一夜的幻想之后，卸下伪装，今夜理智终于面对现实。父亲啊，您可知道眼泪决堤时是何等的畅快！

　　我最终决定复读，父亲依然给我无言的支持。在父亲再一次将我送回那熟悉的陌生地时，我已经恢复了平静，只是此时的平静已经不再有任何麻木的成分，因为我已经痛下决心决不虚度此行，不成功则成仁！

　　"高四"那一年，有过泪，有过痛，也不可避免地有过失望和无助，却从未想过要再次选择放弃，因为每一次念及颓废，三年前父亲的背影和那夜父亲的泪光，便会将那些累积的、不敢碰触的情绪变成恩泽浩荡的海洋，让我沉浸其中，愧疚难当……

那年，我每次打电话回家，父亲只是嘱咐我要记得休息，别舍不得吃饭，别累坏了身体……对于学习，父亲却绝口不提。我知道父亲是不想让我再次忆起那些伤痛的往昔，然而父亲不知道往日的伤痛如今已经成了激励我的动力……

每次握着话筒我都想哭，却从来就不曾哭过，因为，从记忆冻结的那一天起，我便学会了父亲一直以来期望的坚强，我必须坚强！

2003年6月23日23点，在接到同学打来的电话之后，我知道了高考成绩已经公布。我按了电话的免提键和父母一起查询我的高考成绩：本科线480分，我500分。跳动的心渐渐平息之后，回头看父亲，他笑得很释然。

我也想笑，却更想哭。父亲已经明显地老了，长期从事沉重的农事，父亲原本英俊魁梧的身材也已经变得瘦小，原本有神的双眼也已经渐渐浑浊，可是这次笑起来，却依然是那么的年轻。

来聊城的前一夜，父亲宴请邻里来为我送行，因为按照村里的习俗，每一个大学生临走之前一定要宴请平日里相互照应的邻里吃顿饭。

我知道，父亲盼这一天已经好久了，而我，让父亲又多等了不轻松的一年。我并不喜欢这种喧哗的场面，却在那天陪着那些和父亲一样淳朴而善良的人们坐了好久，听他们淳朴真诚的祝福，听他们天南地北地谈论。

他们都散尽之后，我发现父亲醉了。

父亲醉了，说了好多话，然后父亲就对我发火了，因为我在高三那一

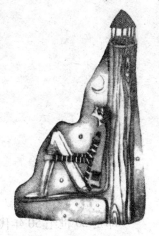

年的堕落和我许久以来对他的欺骗。自我记事以来，我就没有见过父亲发火，更不知道原来父亲也可以对我这么声色俱厉地呵斥，更没有想到父亲会在这么一个日子里对我斥责。在我令父亲最伤心最失望的时候，父亲没有骂我甚至没有一句大声的话，而今天我终于将他的企盼实现以后，父亲终于还是对我宣泄压抑已久的情绪。

我静静地听着父亲对我的不满，默默记着父亲对我的企盼，没有感到丝毫的委屈或是不甘，因为我能理解父亲的那一颗拳拳之心。

而今，父亲依然会小心收藏我每一份大大小小的获奖证书，不时会拿出来看看，偶尔会在乡邻面前小小地炫耀，我想我是不会再有将它们撕碎的机会了。

父亲只是一个普通的农民，从来都不懂得什么人生的哲学或是高深的文化，但是父亲却凭借着他独有的质朴和忍耐让我走过了那段迷惘无知的岁月，这份情，我又怎能不在乎？

父亲并不伟大，他也不会用生动华丽的语言把自己对女儿的爱做什么诠释，甚至我现在正在写着的东西父亲也不一定能够完完全全地看明白，但是那份深深浓浓的拳拳之情却是任何人都无法置疑的！

成长笔记

爱有时朴实无华，没有任何值得夸耀的，但正是爱为我们挡风避雨，为我们燃起希望。面对许许多多沉甸甸的爱，我们又有何权利去选择沉沦，有何理由不去奋斗呢？

跨越极限

崔修建

那是 20 世纪 50 年代，在朝鲜战场上一次惨烈的阻击战中，二十多岁的他永远地失去了双手，下肢自小腿以下也都被截去，住进了荣军院。

看到自己成了处处需要照顾的"废人"，他心情极为沮丧。绝望的他几次企图自杀都没成功——那时，他连自杀的能力都没有了。

后来，在别人的讲述中，在影视作品中，他认识了奥斯特洛夫斯基、海伦·凯勒、吴运铎……这些人在残酷的命运面前那永不折弯的坚韧品质，深深地震撼了一度迷茫的他：原来，生命的硬度远在钢铁之上啊。

于是，他开始近乎自虐般的学习生活自理。在常人难以想象的跌跌撞撞中，他终于学会了照顾自己生活起居的本领，并毅然地告别了他完全有理由享受安逸的荣军院，回到了当时还很贫穷的沂蒙山老家。

不满足于能够做到生活自理的他，又拖着残躯无数次地山上沟下的摔打，带领着乡亲们开山修路、架桥引水、种树建果园……直到贫困的山村真正地富裕起来。他这个无手的村支书一当就是三十多年，当得乡亲们无比敬佩。

从村支书的位置上退下来后，不甘寂寞的他，为给后代留一份精神遗产，又开始艰难地写书。他用嘴咬着笔写字，用残臂夹着笔写字，用嘴、脸和残臂配合笨拙地翻字典。写上几十个字，就累得他浑身是汗。

从未上过学的他，仅仅在荣军院的习字班里学会了几百个字，虽说他后来一直在坚持读书看报，但也谈不上有什么文学素养。很多人都不相信他以那样的文化功底、那样的身体条件还能够写作，许多知情者劝他别自讨苦吃了，可他写作的信心毫不动摇，硬是花了三年多时间七易其稿，写出了令著名军旅作家李存葆都惊叹的撼人心魄的三十多万字的小说——《极限人生》。

他就是中国当代的保尔·柯察金——特残军人朱彦夫。

没有双手、双腿残疾、视力仅有 0.25 的朱彦夫，硬是凭着自立自强的渴望，凭着挑战命运的坚忍不拔的毅力，打碎了生活中的一个个的"不可能"，以无手之臂书写了传奇人生，留下了熠熠闪光的生命篇章。就像他那部小说的名字一样，他打破了人生的许多极限，创造了生命耀眼的辉煌。

成长笔记

因为有爱，我们不放弃生命的美好；因为有爱，我们不慨叹命运的不公。也许正是无数的爱给予了我们力量，让我们笑看人世的风雨，在无数次跌倒后无畏而坚定地站起来，为爱着我们的人们奋进！

不要忘记卑微

曾庆宁

北方的一月格外冷，那天下着雪，刮着凛冽的北风。我教的班级来了一名新学生，他叫罗强。

第一眼看到罗强时，我大吃一惊，天气那么冷，他却上身穿了一件紧身短背心，下身穿着一条破旧的牛仔裤，而且还有一只鞋的鞋带丢了，走起路来就拖着。他一进教室，所有学生都瞪大了眼睛，并发出一阵低声的喧哗。我刻意没有阻止，看了一眼罗强，他面无表情。

罗强不仅装扮怪异，他的学习成绩以及行为也令人担忧：已经 11 岁了，连拼音都不会写。有时还会对着墙角傻呆呆地站上一个小时，他是怎么升到四年级的呢？像他这样的智商应该去特教学校才对。

我带着疑问去找教务处的孙老师，孙老师一听到罗强这个名字，就叹了一口气："唉，这孩子挺可怜的。他生下来就被遗弃，本来收养他的那对夫妻很不错，谁知他的养父在他 3 岁时出车祸死了，他的养母也一下子疯了，带着他到处奔波，靠好心人周济度日，罗强只有跟着到处转学。不过听别人说他小时

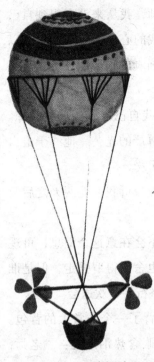

候特别聪明……"听到这里，我的心情异常沉重，道了声谢就离开了。我明白了，这是个命运多舛的孩子，但这一切都不是他的错。于是我下决心要帮助他。

孩子永远是排外的，虽然我尽量不让其他同学在课堂上捉弄罗强，但下课后他经常沦为大家嘲笑和侮辱的对象。有一天，我走进教室，发现罗强端正地坐着，高高地捧着一本书，这个反常的举动使我不由得走到他身旁。我发现他的衣服被撕破，鼻子也在流血。原来他下课时被班上的一群孩子追打，上课后他努力装做什么事情也没有发生，他还拿出了一本书，好像是在读，其实只是为了挡住他的脸，血水混着泪水，一滴一滴流下来。

我立刻愤怒了，把罗强带到诊所简单包扎了一下。在我想要送他回家的时候，罗强突然流着泪问我："老师，为什么哪里都有人欺负我？"我顿时被这句话噎住了，我该怎么回答他？想了一下，我坚定地说："他们是错的，老师会帮你改变这一切！"

我把罗强带回教室，把那几个惹事的家伙叫到讲台上狠狠地批评了一顿。我近乎咆哮地说："因为罗强和别人不一样就歧视他，你们应该为这种行为感到羞耻。正是因为罗强需要改变，我们才更应该善意地对待他，欺负弱者不是男子汉的行为……"直到这几个男孩流下了悔恨的泪水，向罗强深深地鞠躬道歉，我才平息怒气，结束了我的训话。

那次以后，我逐渐改变了对罗强的看法。我终于看出了，在他冷漠的背后，是一个男孩极度渴望得到别人关心与爱护的心！

中午休息时，我特意去商店给他买了一套衣服，因为其他同学总是嘲笑罗强衣衫褴褛。他接过衣服时特别高兴，摸到那

崭新的商标时，他的手有些颤抖，他哽咽着说："老师，我从来没有想到自己有一天会穿上一件专门为我买的新衣服！"这句话令我的心微微一颤，从这以后，我经常为他补课，从一年级课程开始。我发现罗强真的很聪明，不到半年的时间，他已经把以前落下的课程都学完了。

我对他的额外关心给罗强带来了很大的变化，连我自己都感到有些吃惊。他的目光里没有了冷漠和迷惘，取而代之的是友善和尊严的光芒。他终于走出了自己那个狭小的世界，并且和班级的许多人成为好朋友。

这以后的日子变得轻松而愉快。直到有一天，罗强告诉我，他两天之后又要和母亲搬到新的地方去住。

我的心突然间感到一丝隐隐的疼痛，也许从前我不会在意这个消息，可现在他已经成为了我们整体的一部分。许多同学知道后也舍不得罗强走，但是谁也没有办法。我和同学们商量好，准备第二天为罗强举行一个欢送会。

第二天，也是罗强最后一次来这个班级上课。他背了一个非常大的背包。在欢送会上，他打开了背包，里面装满了教科书。他眼含热泪地说："老师，同学们，我从小到现在读过十几所学校，在这里我得到的最多，我也懂得了以

后如何做人。我没有什么可以报答你们，就把这些书送给班级吧。我有很多的书，都是以前的老师们送给我的。我把它们留在这里，希望你们看见这些书就会想起我，虽然我很卑微，也希望你们不要把我忘记……"

成长笔记

不起眼的小花也有自己的梦想，卑微的心灵下掩藏的是脆弱的情感。老师以他博大的胸怀给予了孩子乐观、坚强和自信。在老师的精心呵护下，一个心灵的花朵虽然开放得晚了些，但所幸没有错过春天。

跳杆不断往上抬

马付才

5岁那年，因为一次车祸，我的腿受了伤，走路一瘸一拐的。为了看起来和别人一样，我不得不把一只脚稍稍踮起来，使两条腿显得平衡些。

成了瘸子后，我那颗小小的心开始自卑。体育课我不再上了，而第一位体育老师也从不要求我上体育课，就这样，渐渐地，不上体育课成了我独享的"特权"，直到我上初中。

上初中时，教我们体育课的是一位姓杨的老师。杨老师刚从体校毕业分配到我们学校，他给我们上第一节课时，我又习惯性地告诉他，我有病不能上体育课。他说："你怎么不能上体育课，我知道你腿不太好，但还不至于连体育课都不能上吧。"我固执地站着不动，杨老师看着我，口气缓和了一下，说："你和我们一起做做广播操总可以吧。"看着杨老师那坚定的目光，我点头同意了。

杨老师领我们做了一套广播体操后，就在沙坑边指导同学们跳高。我站在旁边看同学们一个个从跳杆上跳过去，突然听到杨老师叫我的名字。他说："你，该你跳了。"我不相信地看着他，什么，让我也跳高，我一个瘸子，能行吗？

杨老师以为我没听见，又大声叫我的名字。我气愤地说："不，我不行的，你明知道我是这个样子，为什么非要我这样做？"杨老师说："你看看这跳杆的高度，我知道你是能跳过去的，你为什么不跳呢？你的腿没有你想象的那么严重，你干吗一定要把自己当成一个残疾人、窝囊废，而不敢去面对这个跳杆呢？"

我突然像疯了一样向跳杆冲过去。对"残疾人"这个字眼，我是最敏感不过了，我一定要跳过那个跳杆。等跌落在沙坑之后我回头看，跳杆竟纹丝不动。我不相信我真的跳了过去。杨老师的声音又一次响起："再来一次。"起跑、冲刺、跳，我又轻松地跳过去了。他看都不看我一眼，再次说道："再跳一次。"第三次，我是含着泪水轻松地跳过了那个高度。

下课时间到了，杨老师一声解散后同学们都四散地跑开了。我眼中充满着愤怒的泪水，一瘸一拐地离开操场，在路上我的肩膀被人轻轻地拍了一下，回过头，是杨老师。他说："你知道吗，其实在你第二次第三次起跳的时候，我都暗暗地把跳杆往上抬升了，但是你仍然跳了过去。你的腿我早就观察过了，真的没那么严重，现在你正是长身体的时候，多锻炼锻炼对你那条腿是有好处的。你一直以为你不行，是因为在你的心中早已为自己设置了限制。记着，以

后不管什么时候都不要给自己设限,而是要把跳杆不断往上抬。"

原来,我不但跳了过去,而且跳杆还在不断地往上升;原来,我也可以跳得很高呀。

我开始和同学们一起出早操,一起跑步,每次上体育课时,我都主动地把跳杆不断往上抬,一次次往上,一次次成功超越。初三的时候,我发现我那条残疾的腿已经很有力了,而且走路的时候似乎也不那么瘸了。

现在,大学毕业的我早已走向了社会,每当我在事业上徘徊不前的时候,我常常想起当年杨老师对我说的那句话:"不要为自己设限,要把跳杆不断往上抬。"

我知道,只有不自我设限的人生,才会不断地突破。

成长笔记

孩子跳过的不仅仅是横杆,还有心中无法逾越的障碍。其实,很多时候心中的樊篱束缚了我们渴望成功的心,这时,只需轻轻跨出一步,你便会发现,成功的彼岸就在眼前。

成功源于一个念头

　　每个人都可能碰到过诸如纸盘子卖完之类的事情。一般人只是屈服于困境，而这位鸡蛋饼摊主并不是这样，他的脑子里总是转动着挫折面前如何让自己成功的念头，念头产生之后，立即付诸行动。

态度决定一切

佛良斯·巴尔塔则·舒瓦茨

杰尔是个古怪精灵的家伙，他心情总那么好，总是语出惊人。如果有人问："最近怎么样?"他都会这样回答："如果可以再好，我希望有个双胞胎兄弟。"

他是个出色的饭店经理，很多员工甘愿跟随着他从一个饭店转到另一个饭店。员工们之所以这样做，完全是因为欣赏他的人生态度。他天生善于激励人，如果员工遇到糟糕的事，杰尔会告诉他，如何从积极的一面来看待。

杰尔的这种人生态度实在令我惊奇，有一天我问他："我真是不明白，你总不能时时刻刻都保持积极的心态吧? 你到底是怎样做到的?"

杰尔告诉我："每天早晨当我醒来时，我都会对自己说，嗨! 小子，你今

天只有两种选择：你可以选择拥有好的情绪，也可以选择拥有坏的情绪。我选择了前者。每当有扫兴的事情发生时，我可以成为它的牺牲品，也可以努力走出它的阴影，并从中吸取教训。每当有人向我抱怨什么的时候，我可以选择耐心地倾听，不发表意见，也可以将事情积极的一面讲出来。总之，我总是选择生活中充满阳光的一面。"

"当然，这是对的，可并不是那么容易做到啊!"我辩解道。

"是的，"他说，"生命就意味着选

择。每种状况都是一种选择。你可以让别人来影响你的情绪，你也可以自己来调整。底线是选择你想要的生活。"

我不断揣摩着杰尔的活。不久我离开了酒店，开始自己做生意。有一段时间，我和杰尔失去了联系，但是每当生活中需要做出重大选择时，我总会想起他。

过了几年，我忽然听说杰尔遇到了意外。一天早晨，当杰尔打开房间后门时，一伙武装歹徒差点劫持他。他试图从安全门逃走，却不慎摔倒，劫匪在慌乱中开枪击中了他。幸好，医务人员及时赶到，立即把他送到了最近的急救中心。

经过 18 个小时的急救和数月的治疗，杰尔终于地出院了，只是身体里还残留着部分弹片。

在他出事后的第四个月我终于见到了他。我问他感觉怎么样，他又重复着那句话："如果可以更好的话，我希望有个双胞胎兄弟。看到我的伤疤了吗?"

我低下头看了看他受伤的地方，问他事情发生时，他都想了什么。

"首先想到的是我必须锁上后门，"杰尔回答说，"然后，当我躺在地板上时，我记起了有两种选择：生或死。还好，我选择了前者。"

"你不害怕吗？"我问。

杰尔接着说："那里的医生很不错。他们安慰我说'没关系'。但是当他们把我推进手术室后，我看见医生和护士的表情时着实被吓了一跳。在他们眼中，我这个人已经没救了。"

"我清楚我必须做点什么了。"

"你都做了什么？"我问。

"那时一个大个子护士大声问我，是否对什么药物过敏。我说是，于是所有的医生和护士都停下来等待我的回答。我深深地吸了一口气，然后大声说道：'子弹。'他们全都笑了。我还说我要生活下去，趁着我还在世，赶紧给我动手术吧，等我死了你们就没机会了。"

杰尔活了下来，要感谢医生们，同时他那不凡的乐观态度也帮了他很大忙。其实每天我们都有充分的机会来选择生活。总之，态度决定一切。

成长笔记

在我们的一生中，总是难免遇到各种各样的困难，仿佛遭遇生命的严寒，但是只要我们以积极乐观的态度面对生活，即使身处寒冬，我们也依然能感到阳光明媚，鸟语花香。

避短扬长皆天才

张国学

古籍《淮南子》中曾讲述这样一个故事：楚国大将子发与齐国作战，屡战屡败。无奈，他只好听取谋士"广罗天下奇才"的建议，大张旗鼓地招揽能人奇士。有一惯盗者前来求见，自称身怀绝技，可以在军中为楚国效力。子发发现他其貌不扬，意欲不收。可盗者再三表示希望能给他一次施展所长的机会。如果不能建立功业，他会自动离去。就在子发接收他的当天晚上，这名盗者潜入齐国军营把将军车子上的帷幔偷了来。子发随即派人送还给齐国。第二天晚上，盗者又潜入齐军大帐，偷走了将军的枕头，子发同样派人送了回去。第三天晚上，盗者居然又把将军的发簪取回，子发再一次派人送回。这下齐国大将非常惊恐，说："如果再不退兵，恐怕连脑袋都保不住了。"于是退兵而去，楚国靠盗者之力三天就转危为安了。

我国四大古典名著之一的《水浒传》中也有很多用人之长的例子。吴用绰号"智多星"，他做军师自然充分发挥其智慧和谋略；戴宗号称"神行太保"，让他传递信息、情报当然无人可及了；朱贵是开酒店出身，他在山下开了个酒店，从而成为梁山对外不可缺少的窗口；就连名次排在最后的段景柱，也因擅长贩马而经营马匹，从而使梁山的"马业"兴旺起来。

举世闻名的大人物们，也往往是以自身奋斗的足迹书写着因扬长避短而成为天才的历史。大科学家爱因斯坦在 20 世纪 50 年代，曾多次被邀请担任以色列的总统，但他一次次拒绝了。他说，我整个一生都在同客观物质打交道，因而既缺乏天生的才智，也缺乏经验来处理行政事务以及公正地对待别人的能力，所以，本人不适合如此高官重任。事实上，他就是凭借着"同客观物质打交道"的所长，摘取了物理学的桂冠。大文豪马克·吐温也是这样。他曾经经过商，做过打字机生意，还办过出版公司。结果亏了 30 万美元，赔光了稿费不算，还欠了一屁股的债。他的妻子奥莉姬知道丈夫虽没有经商的本事，但却有着极高的文学天赋，于是便帮助他鼓起勇气，振作精神，重走创作之路。就这样，马克·吐温毅然舍弃了经商之路，积极投身文学创作，很快就摆脱了失败的痛苦，并在文学创作上取得了辉煌的成就。

善于经营自己的长处，努力发挥自己的强项，是提高人生价值、创造事业辉煌的秘诀。俗话说，寸有所长，尺有所短。世间万物从没有十全十美的，人生于世，也都或多或少地存在着缺陷和不足。狂妄自大、目空一切，一味地自我感觉良好固然不可取，但"自知之明"也不是念念不忘自己的短处，背上个沉重的思想包袱，使心田笼罩于自惭形秽的阴影之中。正确的做法应该是：坚信"天生我材必有用"，正视自己，坦然处世，时时以自信自强的阳光，去冲破自暴自弃的阴霾，热情地投身于社会生活，快速找准自己的位置，并能尽力地在这一位置上扬其所长。能量才而用，被用者就是人才；能展其所长，这个人就是天才。否则，正如富兰克林所说：即使是宝贝，但放错了地方也只能是废物。

成长笔记

"尺有所短，寸有所长"。人同样如此，再完美的人也有瑕疵。因此，人应该正确认识自己，扬长避短，不能抱残守缺、放任自流，这样才能让你生命的价值得到充分的发挥，才能让你更快地登上成功的山巅。

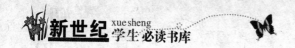

让别人为你排队

骆 驼

我准备好了自己的简历，去一家著名的广告公司应聘。

那家广告公司名气很大，大得不用去人才市场设摊招人，只是在一个城市的小报上登了一则广告，就可以让人才们趋之若鹜。

当我走进招待厅的时候，着实吃了一惊，整个大厅挤满了人，乱哄哄的。我站在人群的最后面，看着前面围了一圈又一圈的人，想着不知道要等到什么时候才能轮到自己，心中就懊悔起来，后悔自己没有早点儿过来。

公司似乎对此番景况也有些意外，人群很乱，乱得连公司的工作人员都进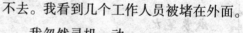不去。我看到几个工作人员被堵在外面。

我忽然灵机一动。

我走到那几个工作人员的前面，昂首挺胸，勇敢地对着人群大喊一声：所有应聘的人排成两队！

人们立即循声而来，将目光投到我身上，看着我和工作人员站在一起，以为我就是应聘的组织人员，一个个立即动了起来，刷的一下便排成了两条长长的队伍，让出一条宽敞的道来。

那几位工作人员对我微微一笑，我将大家的简历收在一起，然后抱着几十份简历第一个走进了应聘室，整个过程俨然是一个工作人员所为。我将那些简历放在桌上，从包里掏出自己的简历放在最上面。

主聘官几乎只是象征性地看了一下我的简历，就对我说："你从今天就开始上班，你今天的工作就是协助我们完成招聘工作。"

于是，我欣喜若狂地出门，开始去维持秩序了。站在队伍的前面，没有人知道我不是工作人员，更没人知道仅仅是十几分钟前，我还是挤在队伍最后的一名普通应聘者。

在竞争无比激烈的社会中，我们常常被众多的对手所淹没。当你站在混乱的人群中时，你为何不勇敢地站出来，充满智慧地振臂一呼，让所有的人为你而动，为你排一条队伍呢？

成长笔记

现代生活中竞争激烈，人们时刻面临着各种挑战，如若畏缩不前，就会被时代的洪流所淹没。因此，我们要坚信"天生我材必有用"，勇敢地展现自己的才华，这样才能有所作为、有所成就。

1850 次拒绝

刘 强

在美国，有一位穷困潦倒的年轻人，他在即使在身上全部的钱加起来都不够买一件像样的西服的时候，仍全心全意地坚持着自己心中的梦想，他想做演员，拍电影，当明星。

当时，好莱坞共有 500 家电影公司，他逐一数过，并且不止一遍。后来，他又根据自己认真划定的路线与排列好的名单顺序，带着自己写好的量身定做的剧本前去拜访这些公司。但第一遍下来，所有的 500 家电影公司没有一家愿意聘用他。

面对百分之百的拒绝，这位年轻人没有灰心，从最后一家被拒绝的电影公司出来之后，他又从第一家开始，继续他的第二轮拜访与自我推荐。

在第二轮的拜访中，500 家电影公司依然拒绝了他。

第三轮的拜访结果仍与第二轮相同。这位年轻人咬牙开始他的第四轮拜访，当拜访完第三百四十九家后，第三百五十家电影公司的老板破天荒地答应愿意让他留下剧本先看一看。

几天后，年轻人获得通知，请他前去详细商谈。

就在这次商谈中，这家公司决定投资开拍这部电影，并请这位年轻人担任自己所写剧本中的男主角。

这部电影名叫《洛奇》。

这位年轻人的名字就叫席维斯·史泰龙。现在翻开电影史，这部叫《洛奇》的电影与这个日后红遍全世界的巨星皆榜上有名。

成长笔记

成功过程如同雕刻一件完美的雕塑，"锲而舍之，朽木不折；锲而不舍，金石可镂"。因此，人应清楚地认识到，不是成功选择你，而是你选择成功，只有通过持之以恒地努力，成功才能被你雕刻得尽善尽美。

"狼"来时

胡 杨

朋友下海经商，当年意气风发地去，扑腾一番后却是垂头丧气地归来。面对愁云满面的他，我说："我给你讲两个小故事吧，两个关于狗与狼的故事。或许对你有所帮助。"

第一个故事来自一组漫画，共四幅。第一幅画中有几只小狗在轻松地朝前走。第二幅画中只见在这群小狗面前突然出现了一群拦住去路的虎视眈眈的狼，小狗们显得有些慌乱。第三幅画中的情形却出乎意料：小狗们排着整齐的队形，昂首挺胸，目不斜视地迈着步子，而惊诧的狼们却避让在两旁，目送它们从容走过。第四幅画的内容是，小狗们离狼稍远便撒腿狂奔，而愚笨的狼这才如梦初醒……

朋友显然被这个故事吸引住了，他的眼里放出光来，等我话音刚落就催问："那第二个故事呢?"

第二个故事引自美国电影《丛林赤子心》。片中担当主角的明星小狗，在丛林中被一只凶悍的狼盯上了，几次差点落入狼口。当小狗又一次被狼疯狂追逐，眼看难脱厄运时，谁想剧情却急转直下：原来小狗把狼引向的是悬崖，快到崖边时小狗放慢了脚步，而此时迫不及待的狼则猛扑上去，结果跌下了百丈高崖。

故事真的很简单，朋友听完后沉思良久，然后轻轻地说："我懂了……"

朋友是有悟性的人，我相信他确实从两个故事中悟到了一点什么。其实除了我的朋友，我们每个人在生活中都难免碰上这样或那样的"狼"：困难、挫折、灾祸。但"狼"拦住我们的进路时，我们最需要的恐怕是傲视"狼"，直面"狼"的勇气。就像第一个故事中那群小狗，凭着一股超乎寻常的勇气和胆量，竟然惊呆了貌似强大的狼群，进而挣脱了魔爪。如果小狗们在狼的嚣张气焰面前心虚胆怯、溃不成军，那迎接它们的只可能是被扼杀的命运。对人来说又何尝不是如此：你被"狼"吓倒了，你就永远不可能战胜它；只有你敢于向"狼"挑战，保持一份自信和清醒，你才有可能去"吓倒"它。

而第二个故事则启示我们：面对夺魂之"狼"，除了需要勇气之外，我们还需要智慧和谋略。那只丛林中的小狗，硬拼远远不是狼的对手，如果不是借施悬崖之计，它最终只会成为狼的爪下之食，又哪能彻底斗过狼！而当人类面对另一类"狼"时，如果只是一味硬拼蛮干，尽管勇气可嘉，还是奈何不了"狼"，反而会落得个被"狼"收拾掉的败局。当通过寻常的路径难逃"狼"口时，我们应该学会找到一处出奇制胜的"悬崖"，借此巧妙地化解如狼步步紧逼般的困境。

成长笔记

生活中的很多困难都像狼一样，对我们步步紧逼。在困难面前，恐惧毫无用处，我们不仅要充满勇气，迎难而上，而且还要利用智慧，解决问题，双管齐下则无往而不利。

不一样的豆芽菜

代克仁

有个年轻人，进入大学后由于学校和专业都不理想，他索性不再努力，经常逃课、喝酒、泡网吧，任由自己一天天地消沉下去。

偶尔去上课，也是无精打采，心不在焉。教授见状，提醒他："年轻人，要打起精神哟！"

"要精神有何用，将来还不是一样就业难，难就业！"年轻人脱口而出。

教授眉头紧蹙，沉思片刻，说："下课后，你且随我来。"

那天下课后，他惴惴不安地跟着教授过大街穿小巷，来到一个熙熙攘攘的菜市场。他满脸疑惑地看着教授。教授不理会他，一直往里走，终于在一家卖豆芽菜的摊位前停下，示意他仔细观看这家豆芽菜的品质。

他有些不解，不知教授葫芦里卖的什么药。但他还是仔细地看了，发现这家的豆芽菜又细又长，还带根须，摊前顾客寥寥。接着教授把他带到另一家卖豆芽菜的摊位前，又示意他看豆芽菜的品质。相较之下，他发现这家的豆芽菜短壮鲜嫩，且无根须，购买者众多。

教授问他："何故会有如此差异？"

"无外乎设备、生产工艺高人一筹而已。"他不屑一顾地答道。

教授摇摇头，又带他去参观了这两家生产豆芽菜的作坊。他惊奇地发现，这两家的生产设备、选料、营养配方竟然一模一样。

为何他们生产出的豆芽菜会有天壤之别呢？他百思不得其解。

教授呵呵地笑了，说："难道你没有注意到第二家在豆芽菜生长器上另外压了一块石头吗？"

成长笔记

凤凰之所以永生，是因为它经历过涅槃的痛苦；梅花之所以芬芳，是因为它挺过了风雪的摧残。压力即来自外界，也来自我们的内心。它既能让一个人垮掉，也能让一个人强大。

树木的生存智慧

感 动

长白山是一座死火山，山脚下土层厚的地方森林茂密，但是随着海拔的增加，覆盖山体的便都是黑色的火山石和白色的火山灰了。恶劣的生存环境，使高大的乔木，甚至是灌木都望而却步了。

但站在海拔 400 米向上望去，竟有一片片火样的颜色。向上攀登时，我才发现，那是一种成片的矮小植物所绽放的花朵。

当地人告诉我，这种开花的植物叫做高山杜鹃。

我仔细观察这些高山杜鹃，它们只有几厘米高，几乎是贴着地面生长。虽

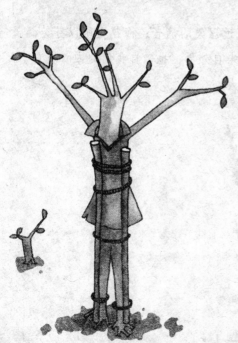

然它们的生长环境是没有养料的火山岩，但那花朵却如一团团火焰在迎风怒放，看着高山杜鹃生机勃勃的样子，比山下的高大树木更加盎然。管理人员告诉我，高山杜鹃之所以能在寸草不生的碎岩上生存，并绽放成一道美丽风景，最根本的原因是矮小，它们的植株只有几厘米，这已到了木本植物的极限。这使它们对养料的需求也达到了极限的少。而且，山上可以吹折树木的强风也不会波及这些矮小的植物。

所处位置越高，处世态度越要低调。虽说高处不胜寒，但高处仍然有风景，我想，这其中的玄机值得回味。

长白山脚下，锦江大峡谷边的原始森林里，有许多倒下的大树，游人见此，均感奇怪：这么粗壮高大的树怎么会轻易倒下呢？

一位导游这样解释：这些大树的问题是出在树根上。一棵树的生长不只是地上部分的生长，上面生长的同时，地下的根系也要随之生长。地上与地下的生长是成正比的，可以这样说，地上的树有多高，地下的根就有多长，只有地下的根系发达，才能为地上的枝干提供足够的水分、养料，也才会有足够的力量支撑地上的部分。倒下的这些树，都是根系不发达、根扎得不够深的树。这样，大的风雨袭来，它们便会轰然倒下，并且，如果根基不牢，越高大的树木，就越容易倒下。

我看了看那倒下的大树的树根，果然如他所说。

所有的事物都依赖于根基，根基不牢，再恢宏的伟业也会在一瞬间回归到零。

在长白山莽莽林海中穿行，常看到这样一个奇怪的现象：稀疏生长或独自生长的树木，树身都不会太高，而且它们的枝干也弯曲不直。但成片的树木则每一棵都高大挺拔，从不旁逸斜出。

阳光、水分是树木生存发展必需的条件，按这个生存法则，占有阳光、空间多的树木一定会比那些只顶着头上巴掌大一块天的树木要长得好。但为什么

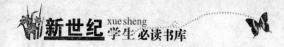

生存环境优越的树木反而没有环境恶劣的树木高大挺拔？

正在我迷惑不解时，一个当地人这样说，树也如同人一样，稀疏的树木因为没有竞争存在，就懒散着随意生长，这往往使它们长得奇形怪状，最终不能成材；而长在一起的树木，每个个体要想生存，就必须让自己长得高大强壮，这样才能争得有限的阳光、水分等生存资源，从而存活下来。最终，它们长成了令人尊敬的栋梁之材。

竞争的力量，往往是让生命自强不息、锻炼成才的最好力量。

成长笔记

树木能在地球上生存亿万年，有着它充分的生存之道。身处高位，就要把根扎得更深，否则，再恢弘的伟业也会在一瞬间归零。竞争是让生命变得强大的最好方法。这是一个成功存活的物种数十亿年积累下的经验，值得我们深思。

成功源于一个念头

张永军

"冰淇淋甜筒"的发明者，是鸡蛋饼的摊主。

1904 年，在圣路易博览会上，一个男子租了个摊位卖热鸡蛋饼，他一直用纸盘子盛鸡蛋饼。一天，他的纸盘子用完了，由于怕影响自己的生意，没人肯把纸盘子卖给他，他只好把鸡蛋饼直接卖给顾客，结果，鸡蛋饼里的三种配料都流到顾客的袖子上了。无奈之下，他只好改卖冰淇淋，以折扣的价格从邻近摊位购进冰淇淋，然后转卖出去。然而，他的脑子却在思考着如何处理那些剩下来的鸡蛋饼原料。突然，一个念头闪过他的脑海。第二天，他做了 1000 张鸡蛋饼，并用一块铁片把它们压扁，然后把这些饼卷成圆锥状，里面填上冰淇淋，那天中午之前，他把这 1000 张装有冰淇淋的鸡蛋饼卖完了。

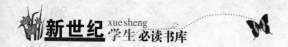

后来，他专门从事"冰淇淋甜筒"的制作，成了一名富商。

每个人都可能碰到过诸如纸盘子卖完之类的事情。一般人只是屈服于困境，而这位鸡蛋饼摊主并不是这样，他的脑子里总是转动着挫折面前如何让自己成功的念头，念头产生之后，立即付诸行动。正是这个念头使他迈出了成功的第一步。

成长笔记

成功并不是一个遥不可及的梦想，也并不是在做好一切准备之后才会产生的结果，有时，它只是源于一个念头，源于一次劫后重生。开动脑筋，发散思维，努力用你那一闪的灵光去捕捉成功的机会。

感谢对手

汪金友

　　雅典奥运会跳水男子三米板冠军彭勃在赛后接受记者采访时说："我特别感谢两个人，一个是队友王克楠，一个是对手萨乌丁。如果今天没有王克楠到场给我的鼓舞，我的金牌就不会拿得这么顺利。我之所以要感谢萨乌丁，是因为没想到他今天发挥得这么出色。他这么大的年龄还那样拼搏，这刺激了我更努力地去比赛。"

　　不知你是否听过沙丁鱼的故事。在很久以前，挪威人从深海里捕捞的沙丁鱼，还没等运回海岸，便都口吐白沫、奄奄一息了。渔民们想了很多的办法，但都失败了。然而，有一条渔船却总能带回活鱼上岸，所以船主卖出的价钱也要比别人高出几倍。后来，人们才发现了其中的奥秘。原来，这条船是在沙丁鱼槽里放进了鲇鱼。鲇鱼是沙丁鱼的天敌，当鱼槽里同时放有沙丁鱼和鲇鱼时，鲇鱼出于天性就会不断地追逐沙丁鱼。在鲇鱼的追逐下，沙丁鱼拼命游动，激发了内部的活力，从而才活了下来。

　　这就告诉人们一个道理，对手是自己的压力，也是自己的动力。而且往往是对手给自己的压力越大，由此而激发出的动力就越强。对手之间，是一种对立，也是一种统一。相互排斥又相互依

存，相互压制又相互刺激。尤其是在竞技场上，没有了对手，也就没有了
活力。

学习、工作、事业、爱情，谁都可能遇到对手，谁都盼望超过对手。但无
论成功还是失败，都不要忘了感谢对手，因为是他和你一起追逐，一起攀登，
一起较量，一起腾飞。

成长笔记

如果没有鳌拜、三番的威胁，康熙的生活必定会无比寂寞；如果没
有对手犹他爵士队出色的发挥，乔丹的总冠军戒指也将光彩黯淡。在生
活中，势均力敌的对手更胜朋友，是他们，让我们的成功更加精彩、更
加辉煌。

一个孩子告诉我们的

希尔·斯通

有一个关于一位牧师的令人惊奇的小故事：在一个星期六的早晨，牧师打算在很困难的条件下准备明天讲道的内容。他的妻子出去买东西了。外面下着雨，他的小儿子吵闹不休，令人厌烦。最后，这位牧师在失望中拿起一本旧杂志，一页一页地翻阅，翻到一幅色彩鲜艳的大图画——一幅世界地图时，他就从那本杂志上撕下这一页，再把它撕成碎片，丢在地上，说道："小约翰，如果你能拼好这些碎片，我就给你两角五分钱。"

牧师以为这件事会使小约翰花费上午的大部分时间。但是没过十分钟，就有人敲他的房门，正是他的儿子。牧师惊愕地看到小约翰如此快地拼好了一幅世界地图。

"孩子，你是怎样把这件事做得这样快？"

"啊，"小约翰说，"这很容易。在另一面有一个人的照片，我就把它翻过来。我想如果一个人是正确的，他的世界也就会是正确的。"

牧师微笑起来，给了他的儿子两角五分钱。"你也替我准备好了明天的讲道。"他说，"如果一个人是正确的，他的世界也就会是正确的。"

这个故事给予我们很大的启示：如果你想改变你的世界，首先就应改变你

自己。如果你是正确的，你的世界也会是正确的。这是一种积极的人生态度，当你抱着这种态度对待人生时，你世界里的一些问题势必会在你面前低头。

成长笔记

人最大的敌人是自己，若要改造世界首先要改造自我。在风雨的历练中磨砺出乐观的品性，在岁月的沧桑中淘洗出知识的精华，然后你就会发现，正是微不足道的力量改变了我们的世界。

淘汰自己

胥加山

在网上看过这样一则寓言故事：在非洲大草原上，每一头即将年老垂死的羚羊，都会向她的子女留下这样的遗嘱——我的孩子们，你们要想长久地生活在这美丽的草原上，就必须学会每天淘汰自己，奔跑得比每一头狮子都要快，这样你们的生命才能延续下去。然而，生活在非洲大草原上的狮子却这样教育他们即将成年的孩子——孩子们，在你们即将离开父母独立谋生时，千万要学会每天淘汰自己，奔跑得要比羚羊还快，这样才能品尝到羚羊的美味，使我们的狮子王国繁衍不绝……

当今的社会处处充满激烈的竞争，表面看来人们的工作时间比以前缩短了，但实际上是人们有了更多的时间来自由学习和交际。若是一个人不懂得竞争的游戏规则——每天淘汰自己，那么他就很有可能在一觉醒来时，发现自己已身陷失业和事业失败的困境。

3 年前，我的一个朋友在升任销售部经理前，销售业绩真可谓是芝麻开花——节节高，然而，自从他担任经理后，他始终觉得他的部下再干 10 年、20 年也不可能谋到自己的职位，于是他放松了自己，每天在"干杯"、牌局、浴城里打发日子。3 年后的今天，在新一任董事长就职后，对销售部进行了一系列改革。在竞争销售部经理职位时，朋友才发现他部下的销售业绩遥遥领先于他，他败得一塌糊涂。

陪朋友喝酒解闷时，他一语道破了自己失败的要害——想当初，我从一个销售员起步，凭着自己的业绩才升到经理的职位，没想到，这三年我忽略了最基本的竞争游戏规则——不淘汰自己，便会被别人淘汰。我输得心服口服。不过我还会从一个销售员起步，只要时刻把"每天淘汰自己"铭记在心，成功还会回来！

在美国 NBA 职业篮球队中，有天分的篮球队员很多，而真正称得上"飞人"的却只有一人——乔丹。乔丹的成名得益于他高中篮球队的教练。上高中时，乔丹的篮球打得很棒，只是很少有突破。在一场比赛胜利后，乔丹和同伴正沾沾自喜地畅说胜利的喜悦，教练却未露出过多的胜利的笑容，而是把乔丹拉到一旁，严肃地把乔丹批评了一通。其中的一句话使乔丹铭记于心："你是一个优秀的队员，可今天在比赛场上，你发挥得极差，完全没有突破，这不是我想象中的乔丹，你要想在美国篮球队一鸣惊人，必须时刻记住——要学会自我淘汰，淘汰昨天的你，淘汰自我满足的你……"乔丹就是凭借高中教练的一句话挺进了芝加哥公牛队，后来成为全美国乃至全世界家喻户晓的"飞人乔丹"。

善于自我淘汰者才能不被他人淘汰。学会每天淘汰自己，实际是紧绷竞争压力这根弦，卸掉昨天的包袱，轻装上阵，始终保持着饱满的激情。在处处充满竞争的社会大舞台，你唯有学会每天淘汰自己，才有可能甩掉身后紧追你的狮子。

成长笔记

物竞天择，适者生存。竞争中的对手无处不在，人应有危机意识，稍有懈怠，可能就会成为失败者。因此，我们要提高能力，学会淘汰自己，鼓舞自己自强自立，这样才不会因为碌碌无为而抱憾终身。

留到最后点燃

梁 勇

那是 1976 年 7 月的一天，他带着三个队员到青藏高原尺曲河一带进行地质考察。他们被复杂的地质情况所吸引，顺着尺曲河一路走来，忘记了时间。一场暴风雪突如其来，瞬间就搅得天昏地暗。他们迷失了方向。黑暗中，他们摸索着前进，体力在慢慢地消耗着，接着有人开始大声喊叫，希望不远处有人，并引起他们的注意。可是，这一切都是徒劳的。最后，他们再也喊不动，再也走不动。高原稀薄的空气让本来体力就透支的他们呼吸更加困难。

这时，他让队员们盘点身上的东西，他们有一包烟，一个火柴盒——里面只有三根火柴，一只手电筒。刚想继续行走时，突然，他感觉到自己的脚下有一个东西，正是他们丢下的水壶——他们又回到刚才避风的地方了。但是，他却不动声色地说："我们在这里不要走了，等人来救援吧。"

白天过去了，黑夜来了，接着黑夜送走了，白天又来了……两天过去了，他们苦苦地等待着。

大本营里的人们也预感到他们出事了，急忙组织人分头寻找。人们打着火把，顶着夜色，在空旷的荒原里含着泪焦急地高喊着他们的名字。

他们几个人已经饿得累得筋疲力尽了，听到远处同事的呼喊声，他们张大嘴巴，却喊不出声音。有人打开手电筒，希望引起救援人们

的注意。可是，那微弱的灯光闪了几下后就和黑夜为伍了。接着，又有一个人说："我们还有火柴，我来点着它。"

此时，他却出人意料地制止了。为什么，大家不解。

他没有力气解释。

时间又过去了六个多小时，不远处又传来讲话声。此时，他示意队员点燃那最后的希望——三根火柴。黑暗中，那火柴的亮光被发现，他们获救了。

他们，就是青藏铁路建设大军中四个重要的科技人员，那个直到最后才允许点燃火柴的人，就是青藏铁路建设总指挥部专家咨询组组长张鲁新。

世人瞩目的青藏铁路在 2006 年 7 月 1 日实现全线试运营，它是世界上海拔最高、建设难度最大的高原铁路。

在 30 年后的今天，张鲁新再谈到那次传奇的经历时，他说："那时我们已经没有任何力气，所有的希望就只有那三根火柴了。第一次有人要点燃时被我制止了，因为救援的人们手里都拿着火把，在强光下，他们怎能发现我们这微弱的火柴光？幸好，我们保留了最后的希望。我知道，救援的人们一定还会回来的，那时，他们手中的火把一定会被烧光，那样，我们的三根火柴在黑夜中的力量就是无穷的。剩下来，留给我们的就是等待，就是要沉住气。事实上，我的猜测是正确的。机会永远留给那些能沉得住气的人！"

成长笔记

人生一世，忧患实多。为名为利，宦海沉浮，商场搏杀，多少千钧一发、性命攸关之时。高手的境界就在于，任外界狂风暴雨，我自岿然不动，沉住气，静下心，把握机会宛如雷霆一击，此非大勇者不能为。

跌进坑里，别急着向上看

黄显杰

那还是孩提时代的事。上小学四年级时，我的班主任姓李，是个相貌平平的老头，心肠挺好，教学也很有一套，可就是脾气怪怪的。

这天下午有节劳动课，李老师带着我们到学校的后山捡柴。

我和三名同学跑向后山顶，边跑边捡。在一棵大树旁，我发现了一堆干枯的小树枝，急忙奔过去。跑着跑着，我脚一滑，跌进一个深坑里，三名同学吓得大呼小叫，想尽办法也没能把我拉上来。

同学喊来了老师。李老师站在坑边上盯了我许久，才沉着脸坚决地说："跌进坑里，别急着向上看！我们不拉你上来！"全班同学面面相觑，都没敢吱声。"老师，老师，我上不去！"我在坑里急得大叫。"在里面待着吧，我们走！"李老师像陌生人一样大声扔给我一句话，带着同学们走了。

老师硬生生地走了，不管我的死活。我一屁股瘫坐在坑里，嘴一张，"哇哇"的大哭起来，"老师！老师！我出不去！"一边哭一边生气地在坑里打滚，滚着滚着无意间我看见了一道亮光。擦干眼泪，我坐起来向亮光处爬去。透出亮光的地方有一个洞，我钻了进去，越钻越亮，不一会儿到了山坡上，一挺身跳了出来。

李老师和同学们都站在山坡上，随着我的出现，山坡上响起了真诚而热烈的掌声，

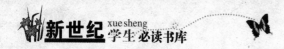

久久不息。老师猛地抱起我原地转了两圈。我所有的不快一扫而光，不解地问："老师，你怎么知道坑里有洞能出来？""老师看你没摔坏。""老师在上面就看见光了……老师想让你自己出来。"没等老师开口，阳光下同学们晃动着聪明的小脑袋争着抢着告诉我。

李老师蹲在我面前伸出宽大的手掌拍掉我身上的尘土，亲切地抚摸着我的脑袋，重重地点着头。同学们探着身子，上下打量我。这时，老师慢慢地站起来，环视一下四周，将一只手指竖到嘴边，示意我们安静。然后，他走到高处一字一句地说："孩子们，记住，跌进坑里，别急着向上看。一心寻求别人的帮助，常常会看不见自己脚下最方便的路。"

三十多年过去了，我还无法忘记儿时跌进坑里自己爬出来的经历，老师的话一直印在我的脑海里。直到今天，每当生活中遇到失败和意想不到的打击时，我总是这样提醒和勉励自己：跌进坑里，别急着向上看。一心寻求别人的帮助，常常会看不见自己脚下最方便的路。

成长笔记

这个世界上没有救世主，所以当遇到困难时，求人不如求己。用自己的力量打倒困难，用自己的双脚走出困境，用自己的双手撑起一片蓝天，让所有人都为你而骄傲。

从最糟的机遇开始

感 动

30 年前，一个叫刘福荣的农家孩子随父亲从大埔山来到香港打拼生活，为了谋生，父亲开了一个冰点店，他只是偶尔为附近的片场送外卖，此时，电影在他稚嫩的心灵中还是一片空白。

后来，经过考试，他成为香港无线电视台第十届艺员训练班的学员。毕业后，他走进了演艺圈，因为没有任何演戏经验，接到的只是一些跑龙套的角色，但由于他很能吃苦，所以给一些人留下了很深的印象。

1982 年，香港著名电影监制夏梦突然邀请他主演许鞍华的影片《投奔怒海》。原来，制片方原本中意的男主角是周润发，但由于种种原因，此片拍成后在台湾地区不能公映，当时已经成名的影星周润发怕接拍此片会影响自己的

台湾票房市场，所以放弃了，但他推荐了这个能吃苦的年轻人。

就这样，这个年轻人接下了《投奔怒海》这部片子，迈出了演艺道路的第一步。也正是这部电影，让许多导演开始注意到这个年轻人，并开始邀请他拍电影。后来，他成为香港乃至全亚洲举足轻重的电影巨星。这个人的名字我们都熟悉，他就是刘德华。

在我们的生活还是一片空白的时候，在我们还在成功的大门外徘徊的时候，我们没有资格与理由去挑剔身边的任何一线机会，即使是最糟糕的。有些时候，别人不愿走的险路我们咬紧牙关走下去，结果就走到了成功的彼岸。

成长笔记

机遇就像是一双隐形的翅膀，在每个人的背后暗暗生长。发现它利用它，珍惜它，它便会带领我们飞到梦想开花的地方。

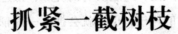

抓紧一截树枝

崔修建

　　那里曾是西部极为闭塞的一个小山村，令人难以想象的极度贫穷，曾几乎毁灭了村民们所有的梦想，他们似乎已习惯了世代忍受那样的贫困，似乎已看不到改变命运的任何希望了。

　　但在上个世纪 80 年代中期，一个叫王琼的志愿者来到了那里。年轻的女孩面对那骇人的愚昧与落后，费了许多口舌去开导教育他们，但收效寥寥。后来，王琼向村民们讲了下面这个小故事：

　　有一种跟麻雀差不多大小的迁徙鸟，每年都要飞越几万里的太平洋，往返自己地处两个大洲的家园。而它们都不是飞行的健将，飞不了多远，它们就必须要停下来歇息一会儿。

　　那么，它们凭借着什么跨海越洋的呢？

　　办法很简单：它们只需口衔一截树枝，就自信地上路了。飞累了，就把树枝扔到水面上，落在树枝上休息；饿了，便站在树枝上捕鱼；困了，便抓紧树枝，在起伏的波浪间打盹儿……浩瀚无际、风云变幻的几万里之遥的太平洋，就那样被它们从容地甩在了身后。

王琼在讲完这个小故事后，做了这样特别的启示："坚定的信念，加上追求的勇气和智慧，便诞生了奇迹。其实，每个人都可以像这种小鸟一样，你们也不例外。"

仿佛一把熊熊烈火，骤然照亮了村民们的心田。奇迹由此发生了——此后的二十年间，那个不足千人的小山村，先后考出了二百多名大学生，其中有三十多位如今已是国内外知名的教授、学者和多个领域的佼佼者，那个小山村也已成为西部有名的富裕村了。

这是著名的旅美学者张千树在接受记者采访时讲述的一个小故事。他还满怀深情地向记者道出了自己对此的人生感悟："有些成功其实很简单，只需瞄准梦想的远方，抓紧一截信念的树枝，然后在顽强的努力中注入坚定不移的执著，就一定会穿越所有的风雨，跨越所有的屏障，抵达理想的彼岸。"

没错，抓紧一截信念的树枝，也许就会拥有一片郁郁葱葱的森林。世间的奇迹，往往诞生于那些毫不起眼的细枝末节中。

成长笔记

人不仅在身体上有脊梁骨，在精神上同样有脊梁骨，那就是我们的信念。生活中有许多貌似无法克服的困难，但是只要有信念在，就有希望在。抓紧一截生命的树枝，就能超越自我，创造奇迹。

记得那只鸭子吗

［美国］理查德·霍夫勒

小男孩约翰尼和兄弟姐妹们到爷爷奶奶的农场里做客。约翰尼得到了一把弹弓，他高兴地拿着弹弓到树林里练习射击。约翰尼一遍一遍地练习，却一次也没有射中目标。他有些灰心，就垂头丧气地准备回家吃午饭。

就在约翰尼走到院子里的时候，他看到了奶奶的宠物——一只肥硕的鸭子。约翰尼忘记了刚才的失落，他拉开弹弓，饶有兴趣地对着那只晃晃悠悠走路的鸭子射击。说来也巧，这一弹不偏不倚正好击中鸭子的脑袋，鸭子当场毙命。约翰尼顿时惊慌失措，因为害怕受到奶奶的责骂，他手忙脚乱地把那只死鸭子藏进了木头堆里，藏好后才发现他的姐姐萨利站在门口。萨利目睹了事情的全过程，但她什么也没说。

吃过午饭后，奶奶对萨利说："萨利，我们去洗碗吧。"

萨利说："奶奶，约翰尼对我说他很想帮您洗碗。"说完，她转过身，小声地对约翰尼说："记得那只鸭子吗？"

就这样，约翰尼只好去厨房帮奶奶洗碗了。

傍晚，爷爷问孩子们想不想去钓鱼，孩子们都非常踊跃地举手。奶奶插嘴说："哦，真是不好意思，我想让萨利留下来帮我做晚饭。"

"哦，奶奶，"萨利微微一笑道，"约翰尼会帮我做的。"说完，她又一次转过身来，小声地对约翰尼说："记得那只鸭子吗？"

无奈，约翰尼只好眼睁睁地看着兄弟姐妹们和爷爷一起高高兴兴地去钓鱼，自己却留在家中帮奶

奶做晚饭。

就这样，约翰尼每天除了干完自己的那份家务活外，还得把萨利的那份也做完。终于有一天，他实在是受不了了，就来到奶奶的面前，将自己打死鸭子的事老老实实地告诉了奶奶。

奶奶微笑着蹲了下来，张开双臂，将约翰尼搂在怀里，慈爱地抚摸着他的头，温柔地说："哦，我亲爱的约翰尼，我早就知道了。当时我就站在窗前，目睹了这件事的整个过程。但是，因为爱你，我并没有怪你。我之所以一直都没说，只是想看看你会让萨利控制多久。"

成长笔记

选择诚实，就是选择了一片阳光明媚的天空、一片开满鲜花的草原。勇敢地走出来吧，不要陷入谎言与欺骗的泥潭，不要徒劳地背负心灵的重担。

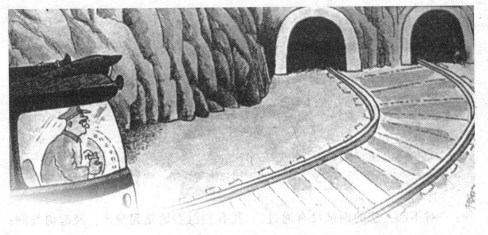

不必承担他人的过错

叶 子

刚大学毕业时我曾去一家知名的企业应聘，面试的最后是一道测试题：有10个孩子在铁轨上玩耍，其中9个孩子都在一条崭新的铁轨上玩，而只有一个孩子觉得这可能不安全，所以他选择了一条废弃的、铁锈斑斑的铁轨，并因此遭到另外9个孩子的嘲笑。

正在孩子们玩得专心致志的时候，一辆火车从崭新的铁轨上飞速驶来，让孩子们马上撤离是来不及了，但是，如果你正在现场，看到新旧铁轨之间有个连接卡，如果你把连接卡扳到旧铁轨上，那么就只有一个孩子失去生命，如果不扳，那你就只能眼睁睁看到9个孩子丧生在车轮底下，现在，火车马上就要驶过来了，你该怎么办？

我思考了几秒，觉得这很难作答，但是我看到几位负责面试的经理，都表情严肃地盯着我，我又必须回答。我仿佛看见一辆飞速行驶的火车正向9个孩子冲过来，于是我有些紧张地说："如果非要做决定，那我还是扳吧，毕竟这边有9个孩子……"

所有面试的经理依然表情肃穆，其中一个，正是这个企业的总经理对我

说："对不起，您的面试没有通过。"我有些沮丧地站起身来，鼓起勇气问："可以告诉我应该怎么做吗？"

总经理说："你为什么要去扳铁轨呢？你是以人数的多少来做的决定。但是在现实工作中，真理往往掌握在少数人手中，很多的人缺乏对事物正确的判断，只是有一种盲从性，看别人都去做，就认为这是正确的。事实证明，10个孩子中，只有一个孩子做了一个正确的选择，另外9个当初的选择是错误的，为什么这9个人的过错要让一个无辜的人来承担？这是不公平的！所以，你不应该去扳铁轨，你应该以事物的对错来做决定，9个孩子错了，那他们就应该承担过错，因为谁都要为自己的行为负责！"

成长笔记

纷繁复杂的世事，需要我们明辨慎思，真理不是站在人数多的一面，而是会叩响明智者的门扉。让我们勇敢坚毅，做一个头脑聪慧又勇于承担责任的人吧！

公正让我别无选择

朱慧松

在上海举行的世乒赛中，有一场球令人难忘。那只是一场淘汰赛，中国选手刘国正对德国选手波尔，胜者进入下一轮，负者则只有打道回府。

两强相遇，打得难解难分。在第三局也是决胜局里，刘国正以 12 比 13 落后，再输 1 分就将被淘汰。就是这关键的 1 分，刘国正的一个回球偏偏出界了！极度沸腾的场馆顿时寂静无声，观众们不敢相信眼前的一切，刘国正自己好像也蒙了，愣愣地站在那里；波尔的教练已经开始起立狂欢，准备冲进场内拥抱自己的弟子。

就在这一瞬间，波尔却优雅地伸手示意，指向台边——说这是个擦边球，应该是刘国正得分。就这样，刘国正被对手从悬崖边"救"了回来，而且最终反败为胜。

这是一场足以震撼世人的经典之战！不仅是因为双方选手的高超球艺，也不仅是刘国正在绝境中的坚忍不拔，更因为波尔那个优雅的手势。

对于波尔，夺取世界冠军是他的夙愿，却屡屡与冠军失之交臂。这一次，他再次如此接近自己的梦想，只要赢下那 1 分，就可顺利夺冠。而这个球是否擦边或许只在 0.01 厘米之间，观众看不到，对手也看不太清楚，即便是裁判也可能错判。

但是，波尔却毫不犹豫地选择了主动示

意。波尔失利了，同时赢得观众雷鸣般的掌声。

　　赛后，记者们追问他为何要这么做。他只是轻描淡写地说了句："公正让我别无选择。"波尔几乎是不假思索地做出那个动作，说明诚实已成为他的一种下意识的举动。将诚实变成一种习惯，这位赛场上的失败者给我们上了一堂生动的人生之课。

成长笔记

- - - - - - - - - - - - - - -

　　在公正面前，波尔做出了正确的选择，让全世界的人肃然起敬。他输掉了比赛，但他赢得了全世界人们仰视的目光。做一个诚实的人，将诚实变成一种习惯，将会得到他人的尊敬。

走过泥泞

吴淑珍

　　至今还清晰地记得手握高考成绩通知单时那种撕心裂肺的感觉，被巨大失败击倒的我已是欲哭无泪，只知道那一刻脑海中满是无尽的茫然。这是真的吗？这怎么会是真的？恍惚如在梦中的我怎么也面对不了严酷的高考现实：一向被老师和同学公认的优秀生的成绩不理想。祈求着出现奇迹的我又一次展开了那一张早被揉皱的成绩单：那刺眼的分数依然在"大放光彩"。一心追求名牌大学的我又怎情愿去念一个当初被老师和同学嗤之以鼻的无名学校？即使我为了逃避现实选择了无奈，老师的惋惜和父母慈爱的劝勉也让我心有不忍啊！

　　于是，我别无选择地念了"高四"。

　　经过无数次的思想斗争，被击得信心全无的我终于捡回了一些失落的自信。我每天早早地起床，早锻炼之后便迅速到教室，重新拾起那些陪自己度过三载严寒与酷暑的课本，专心致志地学起来。可以说，刚进复读班时，我的心情还是比较平静的，那时的我有一个非常执著的愿望：扎扎实实地学下去，争取高考取得佳绩。

　　或许是自己太在意分数，或许是一向有些好强的我太看重每一次考试，一心追求高分的我容不得自己偶尔几次分数偏低。当面

对着那几张让我兴趣全无的试卷时，无形的忧郁、莫名的焦躁铺天盖地地向我逼来。那一刻，我分明感觉得到自己的学习热情在慢慢减退。我害怕出现这样的低热度现象，无数次在内心激励自己，积极一点，快乐一点，然而这些给过我好多次帮助的自我暗示也完全失效了。

接下来的一两个月里，我完全掉进了失意的深渊，平日的生活再也激不起一点波澜，生活中真真实实的快乐已远我而去了。当我试着伸手去抓些什么时，结果只是徒然，只能泪眼模糊地面对着空空的双手。

我害怕艰辛的付出又一次付诸东流，我不忍再次面对历经沧桑的父母试图掩饰眼中的失望安慰我的伤心一幕……梦魇般的两个月里，我一直处在一种极度低落的状态里，同学们的好心劝勉也无济于事。上课时，我往往是眼睛死死地盯着黑板，脑海中却一片空白。我甚至想到丢掉无望的学业，跟随那些万般无奈才外出打工的女孩去漂泊，那种强烈的愿望几乎是渗进了我的骨子里，挥之不去。可是我又痛苦地发觉这是不可能的，我怎能向父母提及此事，难道我还想再一次刺伤他们早已伤痕累累的善良的爱女之心？

三月会考快到了。同学们都在紧张地复习备考。唯有我，唯有我有如此"闲情逸致"，自怜自艾。当我整夜整夜地难以入眠时，身心俱疲的我写了一封长长的信给班主任谢老师———一位让我此生感激不尽的恩人，倾诉了我所有的忧郁。谢老师当晚就找我谈了话，他如同亲兄长般给我谈起前几届的一个女生，她像我一样复读，忧郁。她像我一样当高考一天天逼近时烦躁不安，最后向老师说出不想读书的想法。老师邀女孩出来谈心，告诉她人生总不免会有挫折，告诉她只要咬紧牙关，前面就会是一片艳阳高照的天空，告诉她足以受用一生的关于生活的灵丹妙药。女孩愁云密布的脸终于绽放了开心舒畅的笑容，

那一个七月对她来说是美丽无比的。

"人生没有走不完的胡同，拐不过的弯，只要你勇敢地向前走。"谢老师满怀期待地对我说，"你不会是一个经不起丁点儿挫折的女孩。不在乎结局怎样，只要你真的有过积极的付出。"老师朴实的话语奇迹般给我再次注入了生命的活力，我心灵的顽石终于在那个美丽异常的夜晚轰然而开，顷刻间，久压在心头的忧郁烟消云散。

有了希望和信心的日子就是不一样，灿烂的阳光终于洒满我生命中的每一寸土地，我惊奇而又兴奋地发现，拥有快乐原来如此简单，只要你敢于打开心结。

快乐如风的我轻轻松松地走过五月、六月，奔向绿色的七月。

如今，我身处美丽的桂子山校园，快乐而充实。

那些经历——那些让我由脆弱爱哭变得不知何为忧郁、敢于冒着风雨迎头而上的经历，让我此生受用不尽。

成长笔记

人难免因悲伤失意而陷入困难的泥沼。把不幸说出来，负担就会减轻。人与人沟通传递的不只是信息，还有丰富的情感。试着把自己的情感与人分享，它会帮助你走出泥沼。

一句话一辈子

董保纲

有这么一个寓言故事。在茂密的山林里，一位樵夫救了一只母熊，母熊对樵夫感激不尽。有一天樵夫迷路了，遇见了母熊，母熊安排他住宿，还以丰盛的晚宴款待了他。翌日早晨，樵夫对母熊说："你招待得很好，但我唯一不喜欢的地方就是你身上的那股臭味。"母熊心里怏怏不乐，说："作为补偿，你用斧头砍我的头吧。"樵夫按要求做了。若干年后，樵夫遇到了母熊，他问："你头上的伤口好了吗？"母熊说："噢，那次疼了一阵子，伤口愈合后我就忘了。不过那次你说过的话，我一辈子也忘不了。"

真正伤害人心的不是刀子，而是比刀子更厉害的东西——语言。古人说："口能吐玫瑰，也能吐蒺藜。"通过一个人的谈吐，最能看出其学识和修养。善良智慧或者温厚博学的语言，能融冰化雪，排除障碍直抵对方心岸。

读中学的时候，语文老师给我讲过一个故事：

二次世界大战后期，盟军准备发动一次大攻势，盟军统帅艾森豪威尔在一天傍晚来到莱茵河畔散步，看见一个神情沮丧的士兵迎面走来。艾森豪威尔打招呼道："你还好吗，孩子？"那青年士兵回答：

"我烦得要命!"老师讲到这里,让我们猜猜艾森豪威尔将如何回答。

同学们纷纷举手,一个同学说:"他是盟军统帅,一定会说战争就要打响,你为什么委靡不振?"另一个同学说:"你沮丧什么?是不是贪生怕死?"

后面发言的几位同学大都是差不多的说法。

老师摇了摇头:"艾森豪威尔说,嗨,你跟我真是难兄难弟,因为我也心烦得很。这样吧,我们一起散步,这对你我会有好处。"

艾森豪威尔没有打任何官腔,他那平等、亲切的人情味,让那个士兵受到感动,并以有这样的统帅而振奋,后来在战场上表现得十分英勇,多次立功。

一句抚慰人心的话,能够照亮你的心灵,甚至会影响你一辈子的生活态度。因为一句话,总有一些身影让我们感动,总有一些面孔将我们暗淡的心重新点亮。

记得那个灰色的七月,高考落榜的我黯然神伤,无法面对现实。我的老师对我说:"人生就是这样。快乐自然令人向往,痛苦也得承受,这是真实的人生之途。你不必为一次的失败而烦恼。其实人生的每一种经历都是一笔财富,就看你如何去体会,如何去理解。"最后他语重心长地对我说:"摔倒了就要爬起来,别忘了再抓一把沙子。"如今,将近八年了,老师的话还不时地在我的耳边响起。每当我遇到挫折时,我就会想起老师的话,吸取教训,鼓起勇气,迈向新的目标。

成长笔记

一句抚慰的话,不仅能荡涤你心中的阴郁,更能燃起对生活新的希望。一生中我们听过许多抚慰的话,但只有真情实意的开导才能使我们受益,因为那是心灵交流碰撞出的美丽的火花。

感　激

杨冬青

在 17 岁那年，我告别了美丽的校园。这意味着我将从此踏入社会，从此开始一种真正意义上的生活。

同众多的农家孩子一样，第二年一过年，我便跟着我们那儿的一个包工头外出干起了活。对于大多数生长在农村的孩子来说，劳动永远是他们走出校园后的第一堂公共课。一茬又一茬的农民就是这样成长起来，又一步一步走向成熟的。

五月间，我们在河南焦作接下了一座高十层的楼房活儿。

工程进行得还算顺利，七月的最后一天，楼房建成了。可是当我们拆下那高耸的脚手架时，才发现第十层所有的侧杆都被牢牢地筑死在楼房的墙壁上。

那些胳膊一般粗的钢质家伙，在第十层楼的外墙壁上围了整整一圈，足足有 100 根！

包工头戴着墨镜朝我走来，我看不见他的眼睛，但我马上明白我该做些什么了。包工头掏出香烟的时候，我轻声说："不用了，我上！"事实上我十分清楚，即使他什么也不掏，我也得上。我神色庄严而肃穆，甚至能感觉到自己很有一种"风萧萧兮易水寒，壮士一去兮不复还"的悲壮情怀。

的确，即使是脚踏实地去割那一百

米根钢管，也不是件容易的事，更何况现在是悬空作业，艰苦自不必说，而且十分危险，稍有疏漏，就可能丢掉性命。

可是为了生活，我不得不硬着头皮拼一拼。在这个世界上，我们每一个活着的普通人，都会遇到类似的情况。为了生活，我们随时都在准备着流血。面对危险，有时候我们甚至想都不想就会冲上去，而丝毫顾不得可能出现的后果。从这一点看，一个人能够活在世上，是多么不容易啊！

没有多久，我就被一根绳子吊在空中。可那是怎样一根绳子啊！拇指粗细，一个结一个结的，也不知是几段绳子接在一起的，而且是一根麻绳！当我举起焊枪——唉，这就是我们最先进的切割工具，这些我都能忍受。可是当包工头在楼顶上喊道"一根焊条，三根侧杆"的时候，我难受地闭上了眼睛。重物不重人，还有什么比这更让人痛苦的呢？停了一会儿，我睁开眼睛，用力瞪着，把泪水逼了回去。唉，这就是我们的包工头，作为一个有血有肉的人，我们为之感到痛心，可是作为一个普通人，我们又无法过多地指责他，因为他的所作所为，正好符合了他的身份和地位。在这个世界上，这样的人还很多，他们同我们大多数人一样，都是芸芸众生中的普通一员。他们的所作所为，并没有超出一个普通人应有的规范。

看来，生活中并不是每个人、每件事都能让我们感动的。

我终于又举起焊枪，电火花强烈地刺激着我的眼睛：我没有戴焊帽，工地上没有这玩意儿。事实上即使有，我也无法用上！我右手拿焊枪，左手拿着托板，托板上还端有抹子和水泥（水泥是用来堵切下钢管后留在墙壁上的孔洞的）。

七月的太阳烤着我的身体，我根本无法计算自己究竟流了多少汗水。直到后来，我的汗都流干了。

可敬的人们，当你们在某座楼上享受美好生活的时候，你们可曾想到，有多少人曾为你们住的楼房洒下他们辛勤的汗水啊！是的，任何一种生活的幸

福，都是无数汗水浇灌的结果。劳动，永远是我们生活的主题，永远是幸福的源泉。

四个多小时过去了，工作终于接近尾声。当我割下最后一根钢管，把最后一点儿水泥用尽全身的力气堵住那个孔洞后，我的胳膊再也抬不动了。我目光茫然，也不知望着哪一个方向。

恍惚中我突然发现，在我的脚下，说准确点，是在这座楼房旁边的那条大马路上，不知什么时候，已经停下了黑压压一大片人。他们全都仰着头，那么专心地望着我。泪水一下子涌出我的眼眶。我百感交集，但却说不出一句话，也做不出一个表情，只能任泪水爬满脸颊。

可亲可敬的人们啊！我应当感谢你们。感谢你们为一个陌生的人驻足停留，感谢你们为一个劳动者抬头观望。你们增添了一个普通人生活的信心，你们维护了一个劳动者应有的尊严。

斗转星移，三年的时间一晃过去了。三年来，我不知道自己流了多少汗水，受了多少委屈，吃了多少苦。可是不管生活怎样艰难，不管命运怎样把我一次又一次推向苦难之门，我从来都没有屈服，没有被困难吓倒。我始终满怀感激地生活着，不论是对父母、亲友，还是对那些陌生的人群，我都怀有一种说不出的感激之情。

对于一个心中充满感激之情的人，又有什么能够使他向生活低头呢？

成长笔记

生活赋予我们太多的感激，使我们摆脱爱的贫乏，学习到爱的价值。即使是微小的帮助，对身处困境中的我们来说也如雪中送炭。常怀感激之心，你会体味到生活中的温暖与人间真情。

别拔那些草

赵俊辉

那年我不到 18 岁，却已是手执教鞭的"孩子王"。学校后面有一大块空地，长满了杂草，那是我常去的地方。

毕竟年轻气盛，我常和学生发生冲突，也常"恨铁不成钢"地埋怨他们太笨太不懂事。所以，我总爱在晚饭后到草地上走走，用脚踢踢草，或用手扯扯草，来发泄一下心中的不满和伤感。

又是雪花飘飞的时节，草都枯萎了，失去了那种看来让人悦目的色泽。有时候，倒觉得这些草有碍观瞻，影响心情。刚好学校组织全校清洁大扫除，我便跟校长说愿意铲除那一大片枯草。校长笑着说："别拔那些草。"接下来的话更令我大吃一惊——"那都是一些芬芳的花啊！"

我悻悻不乐地走出办公室，心中郁闷得很，不就是一些草吗？还当什么宝呢，还说草也是花，真是滑天下之大稽。

心中的不悦很快就烟消云散了，因为寒假来临了。

再次回到学校已是柳吐新绿莺飞南天的三月。远远地看见几名学生向我跑过来，走近了便很羞涩地喊我"老师"，然后不由分说地抢过我的行李。"都懂事多了。"走在去住处的路上，望着学生在前面提着行李还蹦蹦跳跳的身影，我感慨不已……

晚饭后突然想去学校后面的草地上走走。结果着实让我的眼睛大饱一餐：满地的葱茏中点缀着不起眼的鲜艳，或星星点点的洁白，或串串枝枝的鹅黄，或隐隐约约的湖蓝，或明明丽丽的殷红。

原来，草也可以开出美丽的花，而我却一直未曾关注过，甚至对校长的话耿耿于怀……

是的，每一株草都是一朵美丽的花，每一个学生都是一个美丽的希望。只要我们不过早地扼杀他们的天真和创造性，不无为地放弃对他们的教育和鼓励，他们总有一天会开出令人欣慰和惊异的花朵。而我们每一个人呢？是不是该对别人的付出与努力，多一些支持与赞扬，少一些冷漠与讽刺；是不是该对自己的现在和未来，多一些肯定与自信，少一些抱怨与失落，因为我们每一个人都应该是一朵花。虽然现在我们还只是一株草，但严冬过后我们一定会吐露属于自己的芬芳，盛开属于自己的美丽，只要你不自我消沉，只要你不轻言放弃……

还是记住这句话：别拔那些草，那可是芬芳的花朵啊！

成长笔记

仔细留意周围，每个人都有闪光的地方，每一朵花都值得培育，对别人抱有信心，不抛弃、不放弃，也许换个角度，用耐心来培育，用爱来浇灌，眼前就是花朵，周围就是春天。

梅老师

建 钟

龙卷风来了……

这时，梅老师不禁也慌了，但她并没有乱。她清楚地知道，孩子们这样争先恐后地涌向门口，最终只会造成教室这条唯一的出路被堵塞，从而……啊，太可怕了！

梅老师便大步上前，把守住教室门口，同时，她嘶哑着嗓子，再次向学生们命令："听着，按次序！谁也不准挤！谁挤谁最后一个出去！"

老师犹如军队里的将军，随着梅老师的声音响起，教室里一下子静了许多，乱糟糟的局面也得到了控制，孩子们虽然免不了还要你推我，我拥你，可谁也不敢使劲儿往前钻了。

那呼呼的龙卷风声音越来越近，越来越响，学生们一个接着一个，有秩序地向教室外撤离。

突然，原来排在教室里最里边那个组的一个长得圆头圆脑、很健壮很漂亮的小男孩，似乎有些等不及了，又似乎有着充分的理由，只见他一下蹿上前来，钻到梅老师的腋下，眼看就能挤出去了。

但梅老师一把拉住了一只脚已伸到门外的男孩子，并狠狠地将他往自己身后一拽，说："你！最后一个出去！"

小男孩不禁抬起泪眼望了望梅老

6×3=

师

师。其他学生这时也都将目光集中到了梅老师脸上，但梅老师似乎根本没看见这一切，只顾用嘶哑的声音喊着："听着！按次序！谁也不准挤！谁挤谁最后一个出去！"

这里，45个同学中的44个已双脚跨出教室的门槛了。这时，梅老师连忙拉过一直站立在她身后的小男孩，并用力将他往外一推，然后——然而，时间就在这一刻停住了！天地就在这一刻合并了！随着一声沉闷的巨响，只听见几十个声音在同时惊叫：

"梅老师——"

"小刚——"

梅老师睁开眼睛的时候，已是第二天的下午。

梅老师睁开眼睛的时候，齐刷刷站立在她病床四周的44个孩子，同时叫了起来："妈妈！"

听到这一声时，浑身上下都裹满了绷带的梅老师，不由得伸出颤抖的双手朝四周摸索着："小刚，我的小刚，你在哪里？"

回答梅老师的，又是44个孩子那带着哭腔的同声呼叫："妈妈……"

梅老师是妈妈。

妈妈是梅老师。

成长笔记

一句"妈妈"，包含着无限的真情。文中可敬的老师把生的希望留给学生，把死的可能留给自己，这种伟大的奉献精神来源于心底的职责，来源于无私的爱。

勇敢的定义

　　关于勇敢，这是我学到的最初的一课。对我来说，这一课意义重大……既然身为英雄的舅舅也会害怕，也许你我也有希望成为英雄。

至死没有被出卖

王熙章

上世纪中叶，美国纽约州有一个落魄的商人不堪忍受沉重的债务跳楼了，幸亏被亲友发现及时送往医院。

这个故事起因于一个依仗某高级官员而有恃无恐的商业巨头掀起的一场波及全国的金融风暴。短短几个月的时间，全国数千家中型银行纷纷倒闭，数以万计的金融职员被迫失业，那个商人也未能幸免于难。一听说他那家证券公司宣布破产，债主立即蜂拥而至。商人只得卖掉房子、车子，搬进了贫民窟。

不料那天夜里，商人看着破破烂烂的街景、匆匆忙忙为生计而奔波的贫民们，想起不堪回首的往事，感到光阴好景不会再来，一时万念俱灰，萌生了自杀的念头。

经医生检查，商人脑颅骨严重破裂，已经没有生还的可能。当他知道自己的时日不多了，便让人叫来了他的妻子及两个幼小的儿子。眼望亲人，商人泪如泉涌。商人哽咽着说道："我没有什么留给你们，反而给你们留下了沉重的债务。我想把我全身的器官卖掉，算是我死后对你们的补偿。"

商人不顾家人的劝阻，执意叫来了医生，让他帮忙联系人体器官的买主。商人惨笑着说："我希望我的这些器官能够带给那些病患者生的希望，带给他们快乐，但是我必须知道他们的姓名、职业及家庭背景。"

看着一大串医生送来的急需要移植器官的病人名单，商人惨然一笑，颤抖着在上面签下了名字。除上一副躯壳及一颗心脏外，他几乎卖光了他体内所有的器官。一天夜里，那个医生又来了。医生说："克里斯尔先生，有人愿意出高价购买您的心脏。"商人照例说："我得看看接受我心脏的病人的名字。"

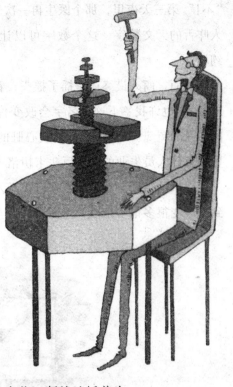

商人看到那个名字，知道那个病人的真实身份后，瞳孔里竟然射出了骇人的光芒，断然地摇着头。

第二天夜里，医生又来了。医生说："克里斯尔先生，病人需要立即摘换心脏，他愿意出双倍的价钱购买您的心脏。"商人歇斯底里地大叫一声说：

"不!"第三天夜里,那个医生再一次光临了商人的病房。医生开出了一个令商人咋舌的天文数字,这个数字可以让商人还清所有的债务,并且买下一座纽约城。

然而,商人最终还是摇了摇头,看着妻儿那一双双不理解的眼神,他愧疚地说:"也许我签下这个名字会改变你们的一生,但我有何颜面去面对那些阴间屈死的冤魂?"那个急需摘换心脏的病人正是制造波及全国金融风波而致使数以万计人员失业的商业巨头卡伊洛·杰斯。

故事的结局自然是两人双双被送入了太平间。在有些人眼中,金钱可以买到或改变很多很多东西,然而有一点它却无能为力,那就是道义与尊严。

成长笔记

文章结尾一语道破了金钱的用处与价值。的确,金钱可以换来无数物质上的东西,但金钱绝不是万能的,在面对良心和尊严上的债务时,金钱往往就无能为力了。

决　斗

格斯　朱景冬　译

　　佩德罗是一个水手。在一个休假的夜晚，他认识了一个貌美的女人，不由得奉承了她一番。女人说她是个有夫之妇。佩德罗却说："离开他吧，跟我到船上去。"

　　没有不透风的墙。水手的话随风飘进了女人丈夫的耳中。她丈夫是个理发师，眼里容不得沙子，一再扬言定要宰了那个水手。

　　有一天，水手看见理发师气呼呼地向他走来，便迎上去说："喂，好汉，我知道你在找我，想杀死我。可究竟为什么呀？"

　　"因为你调戏我的女人！"

　　"没这回事！"

　　"你让我妻子离开我，跟你走！"

　　"不错，我说过。这样的话所有的男人都可能对女人讲。"

　　两个人的话针锋相对。理发师说："我的话不是说着玩的。今天我没带武器，改日我要和你决斗。"水手毫不示弱："好啊，我等着。"

　　又过了一天，水手擦了擦手枪，穿得整整齐齐地上了岸，径直向那个人的理发店走去。

　　"你好！"他招呼理发师说。

　　"你好，水手！"

"可以给我刮刮脸吗?"

"非常荣幸,请等一会儿。"

一位顾客正坐在理发椅上。水手知道该怎么做,手枪就装在裤兜里。理发师想杀死他,这可是个极好的机会!

为那个顾客理完发后,理发师请水手坐下。水手把自己的脑袋交给了发誓要宰他的人。理发师鐾了鐾剃刀,开始为水手刮脸。可怕的念头闪过这两个都想杀死对方的人的脑海!

剃刀一次又一次地滑过水手的喉咙。他的两腮和颏下都被刮得干干净净。之后,理发师又把散发着香味的凡士林擦在水手的头发上,并给他梳了梳。当水手从椅子上站起来的时候,理发师大声地对他说:"你瞧,水手,我们之间什么事也没有发生。你是个不怕死的真正的男子汉。我们做朋友吧!"

"难道你不想宰了我?"

"不错,水手,我已经57岁了,从没有见过像你这样勇敢的人。你是个真正的男子汉!"

两头雄狮紧紧地拥抱在了一起。

成长笔记

一对情敌的决斗,没有刀光剑影,而是在一次默默的心理较量中开始,又在忍耐的过程中化解。真正使他们冰释前嫌的,并不是武力的斗争,而是对彼此内心的征服。

人格的见证

明 白

唐纳德·布伦出生在美国乡村的一个贫民家庭，由于母亲早逝，父亲残疾，为了生活，他总要不时地"光顾"邻居们的鸡圈与羊栏，深受乡亲们的厌恶。从小喜欢偷鸡摸狗的唐纳德·布伦长大后依然恶习难改，后来因抢劫银行而进了牢房。

走出牢房的唐纳德·布伦很后悔自己的行为，他想重新做人，做一个对乡亲们有用的人，他觉得他很有必要将自己的想法告诉乡亲们。于是他决定回村，以自己的行动去赢得乡亲们的信任。唐纳德·布伦回到村里的时候，正好是晚上，他猜想乡亲们此时都已睡着了，于是他决定先回自己家看看，他不知道自己的残疾父亲是否还好好地活着。就在这时，村子里有一户人家的屋里突然燃起了大火，唐纳德·布伦来不及回家看父亲了，他不顾一切地冲进了那家起火的房子。直到将大火扑灭，村里人都赶来了，他才回家去看望自己的父亲。

唐纳德·布伦很想向父亲表明自己对以后人生的态度，可是他从父亲冷漠的眼神里看到了父亲对自己的不信任。无可奈何的他只得选择离开。可是，更让他不理解的是，一夜之间有关他的流言竟传遍了整个村子。村子里的人没有一个人相信他会改过自新，甚至怀疑大火就是他放的。

唐纳德·布伦悄悄地从人群聚集的地方绕过去，无比伤心的他决定离开这个生养了他又抛弃了他的地方。突然，他听到了一棵大树下几个孩子的吵闹声。孩子们正在激烈地争论着，他仔细听了才知道是在议论他。孩子们狠狠地说："唐纳德·布伦是一个大坏蛋，等我们长大了，谁也不要像唐纳德·布伦那样。"听到了孩子们也跟大人们一样误解他，唐纳德·布伦的心都碎了。他几次想站出来跟孩子们解释事情并不是他们想象的那样，他以前虽然偷过东西还因犯罪进过牢房，可是他现在已经改邪归正了，并且昨晚的大火根本不是他放的，而是他扑灭的，尽管那那对失火的夫妇也昧着良心在说他的坏话。最终，他没有站出来，他觉得既然全村人都不理解他，跟几个小孩子又怎么说得清楚呢？他甚至狠狠地想：如果再这样逼他，他真的会一把火将整个村子给烧了。

就在这时，唐纳德·布伦听到了一个清脆而响亮的声音："唐纳德·布伦叔叔不是坏人，我长大了就要学他那样，做一个勇敢而善良的人，因为他救了我！"唐纳德·布伦看见，那是一个小男孩，没错，昨晚就是他救了那个小男孩。尽管那个小男孩的话很快被其他孩子们的声音淹没了，但唐纳德·布伦的眼里还是莫名地流出了两滴眼泪。终于有人相信他了，哪怕那只是一个孩子！也正是那个小男孩的话让唐纳德·布伦决定要做一个勇敢而善良的人。后来，唐纳德·布伦做房地产生意发家了，他成了一位有名的慈善家。

正如一个人做了坏事给其量刑时需要证人一样，人格也是需要有人见证的，哪怕只是一个孩子，见证人格的力量也是无穷的。

成长笔记

每个人的人格都有其充满魅力的一面，不要轻易贬低别人的人格，人格中所蕴含的力量是难以估计的。所以，看到一个人人格的闪光点并予以赞许，或许不经意间就能拯救一个灵魂。

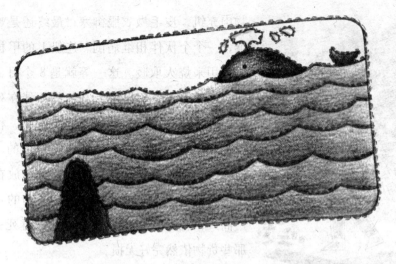

巴伦支与他的伙伴们

吴志彬

　　12 集大型电视纪录片《大国崛起》正在央视播出。当历史步入 16 世纪中后期，在欧美大陆，一个国土只有 2.5 个北京城大的国家，依靠海上贸易和海上运输崛起了，它就是荷兰。荷兰北方航运博物馆馆长讲述的一个故事深深感动了我。

　　1596 年到 1598 年的某一天，一艘荷兰商船起锚了，船上是船长巴伦支和他率领的 17 名水手。此行除了客户委托的贸易业务，还有一项重要任务，就是试图找到从北面到达亚洲的海上通道。凭着水手的冒险精神，他们在海上航行探险，克服了重重艰难险阻。但是在经过俄罗斯一个叫三文雅的岛屿时，他们被冰封的海面困住了。

　　他们只能等到春天到来才能完成剩余的旅程。三文雅地处北极圈内，冬天的气温有零下 40 度。要在如此恶劣的环境中生存谈何容易。严寒加上食物、淡水、衣服、药品的短缺，使他们的生命受到严重的威胁。他们只要打开船上的那些货物，那些衣服和药品就足以挽救他们的生命。但巴伦支和他的伙伴们却作出了惊人的决定，就是死也不能动这样的念头。

　　巴伦支带领 17 名水手，在冰天雪地里依靠打猎勉强维持生存，他们用猎

物肉充饥，皮毛做衣服御寒，最终还是难以为继，一个个伙伴相继病倒。连船上的甲板都被拆掉用来烧火取暖。这一等就是 8 个月，这是何等漫长的冬季。巴伦支和他的伙伴在死亡的边缘苦苦挣扎，即便他们动用了货物，相信谁也不会指责他们。因为生命是第一位的，以生命为代价坚守道德底线是不明智的，放在今天也许会被嘲笑为迂腐。但四百多年前的几位荷兰商人，就是这样做了。8 名水手相继死去，而那些货物依然完好无损。

冬去春来，冰雪消融。幸存的商人终于把货物带回了荷兰，他们衣衫褴褛、面容枯槁，但他们把货物完好无损地交到了委托人手中。他们令人匪夷所思的壮举震惊了世界，也感动了世界。他们用生命为代价坚守的信用，成为后来的商业法则。人们记住了巴伦支的名字；历史也记录下这感人的一页，荷兰人为此骄傲。

葡萄牙与西班牙的海上运输垄断被动摇，巴伦支与他的伙伴作出的牺牲，为荷兰人赢得了源源不断的商机。他们几乎占有80%的海上运输贸易，后来创建了东印度公司，足迹遍布欧美、非洲和亚洲。

荷兰人建立了世界上第一家银行，为了保障银行的信用，阿姆斯特丹市通过立法规定：任何人不能以任何借口限制银行的交易自由。所以当荷兰与西班牙战争期间，荷兰的银行还在合法地贷款给自己的敌人。荷兰人就是这样坚守诚信之本，时至今日，我们仍可以深切体会到，这种商业诚信是何等重要。

这样一个小国的崛起，绝非偶然。

成长笔记

诚信是一种良好的道德行为，它既是立人之本，亦是立国之本。一个人有了它就会马到成功；一个企业有了它就会迅猛发展；一个国家有了它就会繁荣稳定。因此，请坚守诚信，珍视诚信。

接受帮助也是美德

吴思强

那年学校放假，火车从黑龙江省哈尔滨市起程，回家要几十个小时。到吃晚饭的时间了，我的肚子也早已饿得咕咕叫了。此时，服务员推着餐车过来。同座的人都在买饭吃。我知道我的腰包里只有 10 元钱了，服务员打完邻座的人最后一份饭后问我："小伙子，你要不要一份？5 块的、10 块的都有。"我说："好吧，那就来一份 5 块的吧。"我边说边掏钱。忽然，我只感到脑瓜子嗡地一下，糟了，钱没了。我急忙制止服务员打菜，说我的钱被偷了。邻座的人的眼睛都齐刷刷地射向我，同排一位中年女人说："小兄弟，我这里刚好有 5

块零钱，你就打一份饭吃吧。"我红着脸说："不，不，我不饿。"对面两位客人又对我投来有点让我受不了的眼光。我猜测，他们是不是认为我在骗饭吃或是个穷乡巴佬。一股火气油然从我心底升起。我坚决地拒绝了中年女人的帮助，一场尴尬就这样过去了。

次日起来，我只感到肚子受不了，头有点晕晕的。我知道这是饿的结果。我只好多喝水，以水充饥。当邻座的人都在吃早餐时，我有意地起身上卫生间，为的是回避……

又到吃午饭的时间了。当餐车推近我们座位时，那位中年妇女又说："小兄弟，我给你买一份饭吃吧，再不吃东西，是要伤身子的。"她是靠在我耳边说的，别人听不见。我婉言谢绝了她。邻座的人吃饭时，我借机去打开水，在车厢交接处看风景。

我回到座位时，中年妇女正在看杂志。她见我回来，将书给我说："你想看看吗？"我接过书就看起来。水喝多了，尿也多了，当我再次从卫生间回来时，她在收拾东西，我问："你要下车了？"她说："是的，前面这个小站，我就下。"车停了，她将手中的杂志给我，说："小兄弟，这本杂志就送你看吧，我知道你爱看书。"说完她就下车了。我心里感激她。她给我送来了精神午餐。当火车开动时，我打开书，突然，意外的事情发生了。只见书里藏着一张50元的钞票和一张纸条，上面写着：

　　小兄弟：帮助别人是美德。但有时候，敢于接受别人的帮助，也是一种美德。拒绝别人的善意，有时可能会伤害别人善良的心。

　　看着这富有哲理的温暖文字，我的眼里热热的。

成长笔记

　　我们通常只把帮助别人看做是一种美德，殊不知，有时候接受别人的帮助也是一种美德。因为这种接受不仅使帮助者的内心得到宽慰，而且还帮助了自己，从而使善良得以延续下去。

一句话和两个人

时 钦

　　那是 15 年前的事了，那时我们住城乡结合部，到晚上四处很荒凉。那天为省下坐车的钱，我和当老师的妈妈选择走小路。路是碎砖铺成的，坑坑洼洼，没路灯。我的鞋子是姐姐穿过的，即使塞上鞋垫还是松松垮垮的。过小桥时，右脚的鞋子终于掉了下来。我借着穿鞋的工夫看看四周，天已黑，耳边再次响起亲戚的话："年根儿治安乱，今晚别赶回去了。"而母亲谢绝了。

　　借到钱，我们很高兴，母亲甚至说要给我称半斤巧克力。这样的谈话很轻松，我一度忘了脚下的鞋子。那件事发生时，我们离家还有半小时路程。一声凶巴巴的"站住别动"！两个人像山一样堵住我们的路。事情太突然，就像演电影。母亲捏捏我手心，叫我别怕。

　　那是两个年轻男人，每人手里拿一根粗棍子。夜色中看不清他们的表情，却可以想象那一份杀气。我急得要命，却又一筹莫展。我 13 岁，母亲 35 岁，一大一小两个女人怎么也敌不过两个壮年男人。

　　可怕的沉默之后，右边的男人说话了："我只想要钱。"他似乎不比我们轻松，我捕捉到他话音里的颤抖。母亲没吭声。他继续说："我们真不想伤害你们，但没办法，辛辛苦苦打工一年，老板带钱跑了，我们得拿钱回家过年。你们城里人好歹比我们容易。"他语气倒还老实，可那棍子凶神恶煞般戳在那里。

对峙片刻，母亲忽然叹气，从口袋里拿出蓝色手绢，手绢里包裹的是借来的200块钱。我记得那是四张簇新的票子，每张面额50元。

男人看到钱，自然伸出他空着的手。

"慢!"母亲把钱往怀里一缩，"这钱不能让你们抢走。"那人的手停在了半空，我也不明白母亲要说什么。

"今天你们抢了我的钱，不管数额多少都是犯罪。我知道你们有难言之隐，但法律不管那么多，不光法律判你们有罪，你们内心也不会原谅自己。"

此时她竟讲起课来，这实在出乎我的意料。不仅如此，随即她做了一件天方夜谭的事。她说："不如这样吧，我代你们写张借条，你们签个字，不管多久还钱，5年也好，10年也好，甚至你们没钱还也好，只要记住，今天你们没抢，你们是借我的钱。我希望，从今以后你们再也不要抢了。"

母亲从口袋里摸出纸笔，在黑暗里凭感觉写了张借据。她把钱和借据一起放到那人手里，"上面有我的名字和地址，至于你们的名字，如果害怕，随便签一个假名也行。"

这样匪夷所思的事，歹徒大概也从未遇到过，他们愣了片刻，互相看看，什么也没说拿上钱和借据就走了。

在余下的路途中我一言未发，失望极了，母亲如此可笑，简直迂腐至极，没有克敌术也罢了，承认胆怯也罢了，居然替手拿棍棒的劫匪写下愚蠢的借据。这事若非亲历，我会当笑话。

那个春节，尽管母亲还是买了巧克力，可我心里很难过。关于那愚蠢的借据，我始终无法释怀，我想，这绝对不是母亲平日嘴里所说的勇敢。

让我意外的是，两年后的一天，我们收到了一张汇款单，上面的数额是1000块钱，汇款人的名字却是陌生的，附言栏上写着："谢谢您没让我们走错路。"

是母亲的一句话，改变了两个人的命运。

成长笔记

约束一个人的行为并不能从根本上解决问题，只有思想、内心、灵魂上的开导才能解救一个犯罪者扭曲的心灵。母亲的宽恕、善良感动了罪犯，使他们悔悟。试着学会宽容地对待身边的人，宽恕他人的错误，或许这会改变他人的一生。

世界上最矮的棒球王

[美国] 埃里克·古德曼 小丑 译

　　埃迪·盖尔从小就很不快乐。他想不明白，为何自己的父亲和两个哥哥都是身高1.8米的大个子，自己却是个身高不到1米的侏儒。在学校，他坐在最前一排，同学们都比他高出几个头。在家里，那三个大个子也都是俯视着看他，总把他当个小孩子。

　　埃迪·盖尔不愿意与同学们交往，男孩子爱玩的游戏和运动他都参与不了。有时他会坐在角落偷偷地掉眼泪，他心里想：盖尔啊！你真没用，活着真是失败。

　　一天，新来的体育老师杰里弗发现了埃迪·盖尔的不同，他决定帮助这个敏感的男孩树立起人生的信心。杰里弗老师说："埃迪，你愿意参加我们的棒球队吗？"埃迪·盖尔惊讶地望着杰里弗老师，问道："您认为，像我这个样子能参加棒球队，能打好棒球吗？"杰里弗老师同样以反问的语气说："埃迪，难道你缺乏勇气吗？我们棒球队需要的只是勇气，可并没有其他要求呀！"埃迪·盖尔恍然明白了杰里弗老师的良苦用心，他高兴得跳了起来："老师，我明天就报名参加棒球队！"

　　埃迪·盖尔拿着和自己差不多高的棒球杆打得异常辛苦，杰里弗老师让他回家去将棒球杆锯掉10厘米。杰里弗老师还说，第二天有一场重

要的比赛，他希望埃迪能够参加。当埃迪回家高兴地将这件事告诉爸爸，并希望爸爸能帮他将棒球杆锯掉 10 厘米时，爸爸似乎并没在意，而是像哄小孩子一样地哄走了他。

埃迪只好去找他的大哥。正在为第二天攀岩作准备的大哥说："埃迪，真抱歉，你看我实在太忙了，不如你去找二哥。"当埃迪找到二哥时，二哥正在给女朋友打电话，二哥用手捂着话筒小声对埃迪说："小孩子家打什么棒球，赶紧睡觉去！"

埃迪·盖尔失落至极，他觉得自己的家人都不爱他，既然这样，他参加棒球队还有什么意义？他躺在床上默默地流泪，哭着哭着，不知不觉睡着了。第二天，埃迪起床后才突然想起，今天还要参加棒球比赛呢。可又一想，父亲和两个哥哥都不愿意帮他将棒球杆锯掉 10 厘米，可见他们真的是不在乎他了。他颓然地坐在床上，再也不愿去学校了。不经意的一瞥，埃迪·盖尔突然发现了立在床边的棒球杆，棒球杆居然被锯去了 30 厘米！

原来当天晚上，父亲突然觉得自己不应该拒绝儿子的要求，于是便悄悄地将埃迪·盖尔的棒球杆锯去了 10 厘米后放回了原处；同样，埃迪·盖尔的两个哥哥也分别偷偷地将棒球杆又锯掉了 10 厘米。这样，埃迪·盖尔的棒球杆便整整被多锯掉了 20 厘米。埃迪·盖尔拿着超短的棒球杆，兴奋得跳了起来，虽然球杆用起来并不顺手，但因为心里充满了亲人的关怀和爱心，他竟然在赛场上表现极佳，从那些大个子中脱颖而出，成为了学校里小有名气的出色的棒球运动员。

那天，当埃迪·盖尔看到父亲和两个哥哥坐在台下热烈地为他鼓掌时，他紧握球杆对自己说："我一定要成为世界上最好的棒球手！"

1951 年，美国棒球联赛圣路易斯布朗队对底特律老虎队比赛的最后一局，圣路易斯布朗队派上了一个替补击球手。上场的是一个身高不到 1 米的侏儒，圣路易斯布朗队的教练比尔·威克竟然让这样一名侏儒来当关键时刻的击球手！但是，这名叫埃迪·盖尔的侏儒表现得相当不错，竟然帮助球队转收为胜，最终赢取了金牌。

这是埃迪·盖尔一生中最难忘的时刻，他说："那一刻，我感觉自己就像棒球之王，我今天的荣誉，全都来自我的父亲和两个哥哥对我的爱！"

成长笔记

　　或许我们不具备天生的优越条件，但只要有信心和勇气，我们就能坦然地面对发生的一切，就能自信地走完整个人生旅程。在自己努力的拼搏和家人爱的鼓励下，还有什么是我们做不到的呢？

让石头漂起来

罗 西

　　25 岁的舞蹈家黄豆豆身兼数职：舞星、教师、艺术总监等，每天早上 7 点起床跑步练功，风雨无阻，他总是停不下来。他个矮、下肢短，先天条件严重不足，但他却成为世界"舞"林高手。他说，他早就知道有个成功公式是：百分之一的天赋加上百分之九十九的努力，他身边没有这样的人，而他做到了，这令他倍感自豪。

　　25 岁，多少人的人生才刚刚起步，而他可以说是功成名就，令人羡慕。但黄豆豆仍然在与自己竞争，"永远停不下来"，一旦做了某事，就要倾力把它做到最好，这是他的个性。如果有一天"停"了下来，他就会发胖，他必须一直

保持一种飞翔的感觉。他不能失败，因为失败就意味着离开舞台，告别青春。

海尔集团首席执行官张瑞敏在一次中层干部会上提出这么一个问题：石头怎样才能在水上漂起来？反馈回来的答案五花八门，有人说"把石头掏空"，张先生摇摇头；有人说"把它放在木板上"，张先生说"没有木板"；有人说"石头是假的"，张先生强调"石头是真的"……终于有人站起来回答说："速度！"

张瑞敏脸上露出满意的笑容："正确！《孙子兵法》上说：'激水之疾，至于漂石者，势也。'速度决定了石头能否漂起来。"

这让我想到了跳远、跳高、飞机、火箭……也想到"无法停下来"的黄豆豆，以他的身体条件，是成不了舞者的，但他最后却让石头漂了起来！石头总是要往下落，但速度改变了一切，打水漂的经验告诉我们，石头在水面跳跃，是因为我们给石头一个方向，同时赋予它足够的速度。

人生也是如此，没有人为你等待，没有机会为你停留，只有与时间赛跑，才有可能会赢。美国最负盛名的棒球手佩奇说：永远不要回头看，有些人可能会超过你。那个可爱的阿甘赢得美人归后，有人问他爱情心得是什么，他说："我跑得比别人快！"

早起的鸟有虫吃。赶在别人前头，不要停下来，这是竞争者的状态，也是胜者的状态。如果成功也有捷径的话，那就是赋予它足够的速度。

成长笔记

时间决定了速度，而成功要求我们拥有速度。马不停蹄地争分夺秒，必然会比别人付出更多的努力，但也只有这样才会更接近成功。

逃离螃蟹的生活

赵志华

被煮前的螃蟹很是悠闲，整日潜伏在石头的缝隙或岸边的洞里，啃着泥沙中腐烂的食物，吐着满足的气泡，对鲨鱼的激情茫然不解，恐怕只有到"人为刀俎，我为蟹肉"时才意识到前途的黯淡，才意识到生命更应该充溢着进取的愿望。

我感觉自己像一只螃蟹。

大学毕业后，面对诱人的条件，走出校门我就直接踏进了那家偏远的乡镇企业。虽然厂房四周没有一条像样的马路，但工厂给大学生的待遇还不错。厂房很引人注目，墙壁刷得雪白，每人一间宿舍，配有 21 英寸的彩电，有专门的食堂，每周有一天带薪休息日，早上进车间前大学生们还可以去吃早点，这些对一般工人来说都是可望而不可及的。相对于那些整日赶场参加招聘会的同学，我滋生出些许自豪。

我进厂的那年是工厂招聘大学生的第二年。据说厂长求贤若渴，曾许诺给大学生职工最好的生活待遇。但这无法改变厂里与世隔绝的状况。工厂周围是几个村庄，厂里只有两部外线电话，一部在厂长办公室，另一部在工厂办公室，还与总机相连，前台接线员还要用它转接分机。要用电话与外界联系，真的很麻烦。工厂的职工全部来自周围的农村，工厂的管理实在让人不敢恭维，管

理人员也只是高中或是中专学历，只有厂长是大专学历。

厂里对大学生的关注几乎是全方位的，包括婚姻，只要大学期间谈恋爱的双方都愿意来，即使一方专业不对口，照样欢迎；男大学生只要中意某个姑娘，厂里的领导甚至厂长就会出面游说。上一年招聘的五十几个大学生，不少都与当地的姑娘结成了连理，拿着不菲的工资，相对于当地比较低的消费水平，这不能不让人产生优越感。几年下来不少人有了孩子，自己也呈现出与年龄不相称的富态，也习惯了工人的尊敬和当地村民的艳羡，感觉惬意至极，甚至对那些离职的大学生嗤之以鼻：放着这样的好工作还要去找什么样的好工作？

倘若厂长不派我去北京出差，我可能也要一辈子待在那个名不见经传的工厂了。那天办完事情，突然心血来潮想到天安门广场逛逛，谁知碰巧遇到了在大学里一同泡方便面吃的哥们儿，一问，人家北航硕士马上就要毕业了，加之导师很器重，要直接保送读博；又听说另一哥们儿在跨国公司待了两年，身价倍增等等，直听得我眼睛发直，自惭形秽。与他们相比，曾经豪情万丈的我差不多成了酒囊饭袋，充其量不过是从泥沙中觅食、有幸得到一点点悬浮的生物就忘乎所以的螃蟹。

几年来我理所当然地享受着别人设计好的生活。手提电脑、网上即时通讯，这些被昔日的同学视为像吃饭拿筷子一样的基本功，我还以为是高科技！我突然有了被踢出局的感慨，每个人都在追求进步，我的追求呢？在那个偏僻的小厂，浑然不觉间斗志没了，建功立业更谈不上，厂里的血液换了一批又一批，主要领导仍然是那几位，我这个据说表现最好的大学生也不过是一个小主管，我突然怀疑这样一个工厂招聘大学生是不是在装潢门面？汗水淌下我的额头，手心也因为羞愧而潮潮的。

　　螃蟹的生活很自在，但注定是短命的，而人的一生中，最关键的也就几步，在激烈的竞争中固步自封，一步赶不上可能要付出更大的代价。春节刚过，我就向厂长递交了辞呈。我知道前面的路会很艰辛，但我更清楚只有勇于追赶浪尖的人才能看到更多的风景。

成长笔记

　　固步自封、得过且过的生活也许会很悠闲，却经不起风浪的冲击。在竞争日益激烈的今天，只有不断充实自己，才有实力迎接新的挑战，才能得到最充分的发展。

放弃是成功的第一步

刘 艺

在人生中，总会遇到一些挫折和厄运，我们便会告诉自己坚持下去，不要放弃，终会获得成功。其实，很多时候，我们是应该学会放弃的。

古罗马有一则寓言：有两条河流从源头出发，相约流向大海，它们穿过山涧，最后到了沙漠的边缘。面对一望无际的大沙漠，它们一筹莫展，讨论着怎么办。其中一条河说："我一定要流过去，找到大海。"另一条河则说："不如回去再等机会吧，如果前进，我们可能走不出沙漠就干涸了。"结果一条河执著地前进，干涸在了沙漠里，另一条河则回到了源头，等待到了良机，流向了大海。

执著有些时候将导致失败，而放弃则走向了成功。

我们赞赏锲而不舍的奋斗精神，但要成就一番事业，放弃和锲而不舍并不矛盾。鲁迅放弃了学医，成为了文学巨匠；凡·高拒绝做传教士而成了有名的画家。放弃是对生命的过滤，对追求方式的扬弃，是对自己的重新认识和发现，不学会放弃，就无法成功地跨越生命，驾驭人生。

生活有时会逼迫你，不得不停止前进，不得不丢掉爱情，不得不放弃梦想。苦苦地挽留夕阳，是傻子；久久地感伤春光，是蠢人。什么也不愿放弃的人，常常会失去更珍贵的东西。今天的放弃是为了明天更好地得到，不计一时得失，勇敢地放弃，

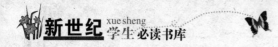

是为了更大的成功。

放弃是剪刀，生命之树剪除病枝赘叶后，更显勃勃生机。拒绝放弃只会作茧自缚，在生活的网中被束缚致死。

放弃有痛，宛如壮士断臂，但放弃将给你一个更美丽的开端。放弃已不再爱你的恋人，你会多一个好朋友，苦苦纠缠，你就多一个仇人；放弃屈辱留下的仇恨阴影，你的眼睛里满是和平阳光，鸟语花香。放弃是一种明智，是一种宽容。当然，面对暂时的伤痛，放弃需要一种忍辱负重、毁誉不悲的精神，需要直面淋漓鲜血的豪迈气概，所以敢于放弃的人也是坚强的人。

通向成功的路不止一条，没必要一条路走到黑，头碰南墙才回头。忘掉最初的选择并不意味着背叛了自己，放弃无可挽回的事情并不说明你整个人生从此暗淡无光。放弃，是为了更好地得到，只有果断放弃，才能将该拿得起的东西更好地把握着。

记住，拿起再放下，是为了更好地把握着。

弱点改变命运

戚锦泉

一个小男孩出生在一个普通家庭，父母管教很严。他常常反抗、故意捣蛋，于是严厉的父亲便决定"教训"他。

一次，父亲让他送一张纸条去警察局，说是一件很要紧的事。没想到警察看完纸条，什么也没说，就把男孩关进一间屋子里。男孩吓坏了，号啕大哭起来，可是没人理他。他不知道自己犯了什么罪，所以紧张到了极点……他被放出来后，那个警察凶巴巴地对他说："我们就是这样对付顽皮小孩的。"他这才知道是父亲有意让警察把他关起来的。

童年的可怕经历，严重地影响了他日后的生活，他每天都生活在阴影之下，恐惧、紧张、焦虑构成了他性格中最重要的部分。

他热爱电影。从 20 岁起，他进入电影界，可是一直默默无闻。27 岁那年，他突发奇想地把自己对世界深深的恐惧、紧张、焦虑，作为"另类"的电影元素，融入到作品中去，结果大获成功。他一生共拍了近六十部电影，几乎部部著名。他就是世界著名的悬念大师希区柯克。

在自身弱点面前，希区柯克没有表现出一般人固有的自卑、绝望情绪；而是正视它，把它变成自己的优势，从而登上成功的宝座。只要处理得好，弱点有时也可以改变一个人的命运。

成长笔记

用弱点去改变命运的人，必然不是一般的人。大多数时候，在弱点面前，凡人都会选择掩饰、逃避与痛恨。可是，直面你的弱点，将它转化为优势，你将会有别样的人生。千万不要忘了，这其中最重要的是付出自己的努力！

人生舞台的三个要素

肖　剑

最近有三件小事引起我长久的思考。

第一件事情：

在某个国家机关工作的朋友就调动工作一事征求我的意见。朋友原来的工作单位是国家的一个部级单位，他的专业是法律，现任职务是正处长。近期以来，他们单位在进行一系列的改革，他的工作业务一下子减少了好多，变得日益清闲起来。这时，有两家他们原来的下属企业都向他发出了邀请，有意让他去主持一个部门的工作。

朋友很犹豫：一是自己现在是正处级，在现在的单位平稳地干下去，赶退休前混个局级应该说没有多大问题，那么到一个新单位会怎么样？二是这么多年在机关，到企业后能否适应？三是如果动的话，应该去哪一家企业？

我的意见很明确：既然现在无事可做，在此处再待下去就是养老。从机关到企业是有个适应的过程，现在才三十多岁就没有勇气去做了，那么以后更不会有这样的勇气。我说："做什么都有风险，可是我们三十多岁，正是人生的黄金时期，这时候什么都不做才是最大的风险。具体去哪家，你比我了解情况，你自己作决定。"朋友听进了我的意见，现在已经到一家企业去上班了。

第二件事是从我的个老同学那儿听来的。他是我老家某县的公安局长，来京出差。多年未见，我们把酒长聊，他说在他职业生涯中有一件小事给他很大的触动。基层公安的经费很紧张，他们搞刑侦的尤其如此，当年他做侦察员时，有一次为了出差办案子去找领导要钱，单位里没经费，而且领导也正在气头上，脱口就来了一句："有钱谁不会干啊？还要你这个高材生做什么？"

当时他很委屈，事后领导也向他解释和道歉，但这句话却对他触动很大：是啊，条件不好，大家都在抱怨，还有一些同事转行跳槽。可正因如此，方显英雄本色啊，谁都能干得了的事，又怎么会显示出你的能力和本事呢？正因为不好做，才越要把它做好！

就凭着这股气概，他坚持了下来，没有止步于客观条件的制约，尽可能少花钱多办事，甚至不花钱也要想办法办事。这些年来，他没少吃苦，没少干活，可他步步高升，是我们同学中升迁最快的一位。

第三件事情：

前不久我开除了手下的一个编辑。这个编辑希望自己能尽快写出一本"名著"，以改变自己窘迫的经济状况。可实际上他志大才疏，眼界、学识、经验以及创作才华都非常有限，至少在目前他只能做一下合格的编辑而不可能成为大作家。我们单位规定编辑可以根据其策划和完成的图书的销量提成，如果他

踏踏实实地做好本职工作，他应该会有可观的收入。但是，他在完成手头具体工作时，总犯一些很低级的错误，因为他心不在焉，总念念不忘构思和创作他的"名著"。

我提醒过他几次：财富就在眼前，就在你手头的工作当中，这些看似平常的图书虽然跟名著无法相提并论，但它们都是有固定的读者群、很有市场潜力的常销书，只要你用心去做，书的质量比别人的好，销量肯定没问题，那么你的收入也差不了。想当作家挣大钱没错，但是你必须先学习、积累，做好手头的工作，解决眼前的经济问题。

但是他依然如故，还在做着写出一本惊世名著的美梦。最后，我只好请他走人了。

这几件表面看来毫不相关的事情，却可归结出我们走向成功的逻辑顺序：

首先，在我们有限的生命中，我们做任何事情都会有风险，但是，如果什么都不做，安于平庸混日子，那才是最大的风险。人生的黄金时间就这么几年，经常听到一些老前辈抱怨他们的人生悲剧：那时侯，我想怎么怎么，可领导、单位怎么怎么，这一晃，就退休了，再想登台表演，也没有机会了。今天时代给我们提供了很多机会，难道我们怕登台吗？给了你舞台你不上，等退休了回家向孩子抱怨吗？

其次，你要做任何事情时，都不可能万事俱备只欠东风，一切条件都放在那里等你去成功。没有条件，要你自己去创造条件。也许正是因为没有条件，别人都放弃了，才正好给你留下了机会。也只有在这个过程中，才能显示出你的过人之处。

再者，一旦你选择了做一件事情，就一定要把它做得比别人好，你一切的财富、机会和希望其实就在手头的事情中。看似平常的生意和事情，只要你用心去做，就会有好

的回报；你要想获得超过平均利润的财富，那你就要拥有超过常人的智慧或付出更多的努力；眼前的事情做不好，三心二意地幻想着下一个机会和别的事情是没有用的。

人生如戏。一则有机会登台时不可畏首畏尾，怕担风险而退缩；二则也许没有现成的舞台，也许舞台的条件不好，这要你自己去创造和改善；三则只要你在台上，不管正扮演什么角色，都要尽全力演得比别人好，唯如此，你才有更重要的角色、更好的机会和更多的收获。

成长笔记

做事情首先要有冒险精神，不能畏首畏尾；其次要尽自己的能力去创造条件；最后一定要用心地去做，坚定信念，永不放弃。只有这样，你才会有更多的收获。

不要去看远处的东西

祝师基

英国有一位年轻的医科毕业生威廉·奥斯勒爵士，他的成绩并不差，但临毕业时却整天愁云满面。如何才能通过毕业考试，毕业后要到哪里去找工作，工作如果不称心怎么办，怎样才能维持生活……这些问题像蛛丝一样缠绕着他，使他充满了忧虑。

有一天，他在书上读到一句话：不要去看远处模糊的东西，而要动手做眼前清楚的事情。看到这句话后，他彻底改变了自己的人生态度，脱离了那种虚无缥缈的苦海，脚踏实地地开始了创业历程。最后，他成为英国著名的医学家，创建了举世闻名的约翰·霍普金斯医学院，还被牛津大学聘为客座教授。

威廉·奥斯勒爵士开始的那种心境也许我们大家都经历过。在生活中，我们常会不自觉地给自己戴上望远镜，盯着时隐时现的地方，制订长期发展的宏伟目标。我们常常看到很远的地方，却看不到眼前的景色；我们拼命地追赶，但在望远镜里看到的永远是下一个目标。我们感到沮丧，感到理想离自己越来越远，感叹人生非常艰难。当有一天有所感觉，摘下强加给自己的望远镜，才发现每一个被自己忽视过的地方都阳光明媚、鸟语花香。

有一个美国年轻人，小时候卖过报纸，做过杂货店伙计，还当过图书馆管理员，日子过得很窘迫。几年后，他下定决心，用50美元开创出一片基业来。一年后，他果真有了几万美元。但当他雄心勃勃准备大干一场时，存钱的那家银行破产倒闭，他也随之一贫如洗，还欠了2万美元的外债。万念俱灰的他，得了一种怪病，全身溃烂，医生说他只有5周的时间可以存活。绝望的他写了遗嘱，准备一死了之。

就在这时，他突然看到一句话，幡然醒悟。他抛开忧虑和恐惧，安心休养，身体慢慢得到了恢复。几年后，他成了一家大公司的董事长，开始雄霸纽约股票市场。他，就是大名鼎鼎的爱德华·伊文斯。他看到的那句话是：生命就在你的生活里，就在今天的每时每刻中。

其实，两个人看到的两句话，我们可以概括成一句：生命只在今天，不要为明天忧虑。最主要的是欣赏自己眼前的每一点进步，享受每一天的阳光。

成长笔记

脚踏实地走好脚下的路，这才是正确的人生态度。一味地去捕捉明天的光彩，今天的你就始终待在黑影里。明天永远是虚幻的，就在今天此时，行动起来吧，朋友，不要再为明天徘徊。

接受打击

包利民

有一个女孩年轻漂亮，却命运多舛，总有挫折打击伴随着她。她年纪轻轻，目光却悲凉似秋，心境更是荒芜。有一天她终于禁不住心灵的压力，向一个好友倾诉了自己的失意后，说："受的打击太多、太重，我的心已经碎了！"

好友没有说什么，只是拉她去散心。出门前好友不小心把一个香水碰落到地上摔得粉碎，一股香味便弥漫开来。在城南的山上，她们无言的走着，正是初夏，阳光柔柔洒洒，百花开放，山顶寺庙的红墙忽隐忽现，一切都使人忘忧。好友对她说："如果你有更多的苦痛，不妨都说出来吧！"她慢慢地讲述着，痛苦的往事又一次浸透她的心。

讲完后，好友对地说："你讲的一切都很凄美，相信许多年后会成为你幸福的回忆！打击是难免的，也正因为有了打击，生命中潜藏的美好品质才会释放出来。就像那个香水瓶，只有打碎后它的香味才会散发出来。所以说心碎并不一定是永久的痛苦，也许就是一种美好生命的绽放。就像这些盛开的花，每一朵的开放都是花心的破碎，花心的破碎造就了一朵花的美丽！同样，一个人心能够接受打击，那么也可以造就美丽

的人生！"

这时已夕阳西下，山上的古寺中传出了一声声悠扬的钟声，使人俗念顿消。在下山的途中，女孩忽然领悟：人生就如一座大钟，只有在接受打击时才会释放出最美的心声；人生其实更像一河流水，微小的打击只会击起美丽的涟漪，巨大的挫折则可以激发出惊涛拍岸的生命最强音！

接受打击吧，因为它可以把你的人生打造得更美丽辉煌！

成长笔记

一颗沙粒，只有经过蚌贝的反复洗礼，才能成为名贵的珍珠；一棵小树，只有经过风吹雨打，才能长成参天大树。人也一样，只有经历过挫折失败，才能一步步走向成功。

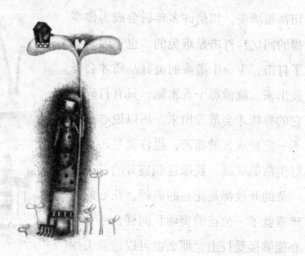

听出心灵的杂音

王贞虎

从医科大学毕业后，我随五六个同学一起，来到本市一家四甲医院实习。实习第一天，我们来到心脏科报到。心脏科主任吴医师是一位全国有名的冠心病专家，人很亲切。见到我们，他便和蔼地说："年轻人，往后心脏科就是你们的家了。好好努力吧，这可是好多医科大学生梦寐以求的事儿哟！"

听了吴大夫的鼓励，我们都攒足了劲儿，拿出各自的看家本领去应对每一个病人。终于，三个月实习期到了，我们得到了吴大夫的夸奖和赞赏。吴大夫说，我们将要应诊最后一位病人，如果不出现任何差错的话，你们全都可以得到医院的正式聘用。

那是一位 50 岁上下的中年人。吴大夫对我们说："这是一位心脏病患者，从农村来的，你们先听听他心脏的声音。"

就在我们准备取出听诊器时，"用我的听诊器吧"，吴大夫笑笑说，"这是特制的听诊器，它可听出任何来自心灵深处的杂音。你们要仔细地听，这个病患的心跳强音一向都很明显。"

接过那个听诊器，我们依次凑近了病患的心脏。"嗯，没错，果然他的心跳有很重的强音！"我的同学们听过，都得出这样的结论。

我是最后一个听诊的。我仔细地聆听，一丝失望的表情浮在我脸上：我没有听到半点儿声音！

"怎么样？"跟那几个同学一样，吴大夫又问我，"心跳强音是不是很明显？"

我不知道怎样回答他。到底是我的耳朵出了问题，还是我根本就不是块做医生的料？就在我犹豫不决的时候，吴大夫又对我说："再给你一次机会，再听一次吧。"

我又凑近了患者的心脏，结果，依然没有一丝声音。

我终于实话实说了："对不起，大夫，我什么也没听到。"

我想我是彻底没希望了。一个失去听觉的人，还有什么资格做一名医师？就在我灰心地转身离去时，没想到传来院长的声音："王贞虎，你被录用了。"

我惊诧地转身，"为什么？"我讷讷地问道。

"就为这个。"吴大夫笑了笑，从怀中掏出一把镊子，竟从听诊器里夹出一团棉球。

天啊，闹了半天，原来这根本就是一个没用的听诊器！

院长瞄了一眼那几个面红耳赤的同学，语重心长地说："这是我跟吴大夫商量好的听诊课，目的是想听听来自学员内心深处的杂音。"终于，仅我一人成了留用在这家四甲医院的幸运儿。在往后的人生履历表上，我写下一句座右铭："做一名心无杂音的人，去听诊每一个生命！"

成长笔记

当每个人戴着面具穿梭在人生路上时，也许只有心灵是真实的。心灵本是一方净土，却难免会有芜杂，于是心灵变得丑陋、黯淡。如果不想要这样的结果，请你时时记得清扫，时时记得保持；如此方能心无杂质。

勇敢的定义

张霄峰　译

我的舅舅是个英雄。外公一家世代行医，舅舅也不例外，在二战期间的一次战斗中，他作为军医荣获一枚军功章。故事的经过是这样的：舅舅身为随军医疗队的一员，随同部队行军。由于情报错误，部队不知前方山头有敌人。

他们在毫无掩护地前进时，中了敌人的埋伏，几秒钟内死伤遍地。在敌人的火力覆盖下，没有人能站起身来。直到 12 小时后，空中支援重创了敌军才解除险情。在此期间，舅舅身背医药箱爬到伤员们身旁，用止血带为他们止血，帮重伤员写遗书。待援军赶来、敌军撤退之时，他已经挽救了几十条生命。这一英勇行为受到了表彰，他的照片登上了家乡报纸的头版。

当年我只有 7 岁，亲戚中出了一名真正的英雄，我因此立刻成为整个二年级的话题。更妙的是，他获准休假回来探亲，我激动得浑身轻飘飘的。私下里我却对此事颇感惊讶，因为印象中舅舅毫无英雄气概，矮小、秃顶、近视，而且有个小啤酒肚。也许战争使他脱胎换骨了？但是结果我看到他仍是老样子，依然是那么害羞，当邻居们争先恐后地与他握手时，他却是一副手足无措的样子。

终于轮到我了，我爬到他的膝上，告诉他我觉得他非常勇敢，肯定从来不知道什么是害怕。

舅舅微笑着告诉我事实远非如此，实际上当时他害怕得要命。在极度失望之下，我脱口而出："那他们为什么给你军功章？"舅舅和蔼地向我解释，不知道害怕的人肯定是脑子有问题。勇敢的意思并非无所畏惧，它意味着即使感到害怕，仍然坚持去做事。

关于勇敢，这是我学到的最初一课。对我来说，这一课意义重大。儿时的我非常害怕黑暗，为此我深深地感到羞耻。恐惧进一步发展成为我的心理障碍，伤害着我的自尊心。得知舅舅也会害怕，让我获得了解放，令我不再为自己感到羞耻。既然身为英雄的舅舅也会害怕，也许你我也有希望成为英雄。

成长笔记

英雄并不像我们想象中的那样头上戴着光环，对什么都无所畏惧。他们也有常人的弱点和恐惧，但是，正是那份为人民、为祖国无私奉献的责任感，让他们在面对困难与危险时选择了迎上前去，用自己的实际行动谱写出了英雄的壮美诗篇。

没有雨伞的孩子必须努力奔跑

周华诚

小时候，我家很穷。母亲在我 3 岁那年，跟奶奶闹矛盾，离家出外打工，十几年没有回过家。从小我就跟着父亲生活，他会打一手快板。他这一辈子，也就靠这竹板，找到了一些活着的乐趣。

因为家里穷，我读书的钱，都是向村里的大叔大伯们借的。后来，有一位城里的阿姨，通过希望工程和我结成了对子，资助我上学。我还记得上初二时，夏天到了，我唯一的一双布鞋破了，脚趾从里面露出来。第三节是体育课，为了不让同学们看笑话，我偷偷地把半张报纸折好，垫进鞋子里。

可是在跳远时，我用力一蹬，随着溅起的黄沙，我的一双布鞋彻底寿终正寝了——鞋面与鞋底脱离，半个脚掌露了出来。

"轰"的一声，同学们都笑起来，我面红耳赤。

我知道家里穷，所以不敢向父亲开口。那时我多想要一双塑料凉鞋呀，同学们都穿着漂亮的凉鞋，有的还穿着丝袜，而我自己呢，只能一直赤脚上学。

有一天傍晚，快放学了，班主任程老师把我叫到办公室。她翻开一沓试卷，告诉我数学考了 100 分。我高兴极了。程老师拉开抽屉，从办公桌里掏出一个纸盒，笑着对我说："拿去吧，这是你的奖品！"我打开，竟然是一双崭新的凉鞋。

从那时开始，我下定决心要好好读书。我的成绩一直保持在班里的前十名，直到高三。填报大学志愿时，我矛盾了很久。家里的情况，只允许我上军校，因为上军校是免学费的。

这几年读书，家里已经欠下了不少债，但我自己却希望成为一名演员。

在学校除了读书，我还参加了好几个社团，经常给同学们表演快板、小品什么的。可是我不会跳舞，不会弹钢琴，也不会声乐。程老师说："你嗓子好，可以试试考表演。"离考试只有一个月了，我就天天对着学校的 VCD 学。艺术考试时，我表演了一段快板，考官们对此非常感兴趣。

我就这样进了当时的北京广播学院。全国有八千多人在争二十个名额，我这样一个农村小子，却进了"北广"！

到北京上大学以前，我一无所有，什么都不懂。电影都没看过几部，邻居家里的黑白电视机也只能收到一个台。到了北京，和人说话都会紧张……但是我告诉自己，要挺住，要坚强。

刚进校时，班上 23 个同学，我排在第十六名，一年下来，我成为第一名。

从大一开始，我一边打工，一边挣自己的生活费。给公司搞商业演出，也给一些电影电视剧当群众演员，早上 5 点半等在制片厂门口，干上一天，半夜回来，报酬是 20 元工钱和一份快餐。

班上的同学几乎都来自城市，有的家境好，有的是艺术世家，吃穿不用愁，机会也多。我没有，我必须从演好每一个小角色做起。演完时，导演能问

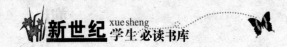

一下我的名字，那就是最大的成功，因为也许下次有更好的机会。

大一那一年，中央电视台《梦想剧场》做我们学校的专场，导演来选人，我被选上了。导演很欣赏我的表演，后来让我一起做栏目，还让我担任了一段时间副导演。现在我每个月平均有 10 天在拍戏、配音。每天的生活，就是不间断地干活，干活，再干活，多的时候一天能挣到 1000 元钱。前些天，我给父亲写信，告诉他：上学贷的款，年底就能还清了。我想父亲看到信一定会很开心。

到现在，我还珍藏着那双凉鞋。我永远记得程老师送我鞋子的时候，额外叮嘱我的几句话："你是一个没有雨伞的孩子，下大雨时，人家可以撑着伞慢慢走，但你必须跑……"

是的！我会一直跑下去。

成长笔记

外在物质条件的多少与好坏并不能决定一个人的命运，当我们付出了比别人更多的努力后，一定会有一份自己都感到惊喜的收获。梦想似一座高耸入云的山峰，我们攀登时，总会有坎坷和艰难，但不如此，又何以明白"无限风光在险峰"的意义呢？

只要行动，就有奇迹

柳小洪

　　曾亲眼目睹两位老友因车祸去世而患上抑郁症的美国男子沃特，在无休止的暴饮暴食后，体重迅速膨胀到了无法抑制的地步，直线逼近两百公斤。当逛一次超市就足以让沃特气喘吁吁缓不过劲儿时，沃特意识到自己已经到了绝境，再这么下去，迟早要完蛋。绝望之中的沃特再也无法平静，他决定做点什么。

　　打开年轻时的相册，里面的自己是一个多么英俊的小伙子啊。深受刺激的沃特决定开始徒步美国的减肥之旅，迅速收拾好行囊，沃特带着接近两百公斤的庞大身躯出发了。穿越了加利福尼亚的山脉，走过了墨西哥的沙漠，踏过了都市乡村、旷野郊外……整整一年时间，沃特都在路上。他住廉价旅馆，或者

就在路边野营。他曾数次遇到危险，一次在新墨西哥州，他险些被一条剧毒眼镜蛇咬伤，幸亏他及时开枪将其打死。至于小的伤痛简直就是家常便饭，但是他坚持走过了这一年。一年后，他步行到达了纽约。

他的事情被媒体曝光后，深深触动了美国人的神经。这个徒步行走立志减肥的中年男子被《华盛顿邮报》《纽约时报》等媒体誉为"美国英雄"，他的故事感动了美国。不计其数的美国人成为沃特的支持者，他们从四面八方赶来，为的就是能和这个胖男人一起走上一段路。每到一个地方，都会有沃特的支持者们在那里迎接他。

当他被美国收视率最高的节目之一《奥普拉·温弗利秀》请到现场时，全场掌声雷动为这个执著的男人欢呼。出版商邀请他写自传、电视台为他拍摄专辑……更不可思议的是，他的体重成功减少了 50 公斤，这是一个多么惊人的数字！

许多美国人称沃特的故事令他们深受激励，原来只要行动，生活就可以过得如此潇洒。沃特说这一切让他意外："人们都把我看做是一个美国英雄式的人物，但我只是一个普通人。现在我意识到，这是一次精神的旅行，而不仅仅是肉体。"他的个人网站"行走中的胖子"，吸引了无数的访问者。很多慵懒的

胖子都开始质疑自己："沃特可以，为什么我不可以？"

徒步行走这一年，沃特的生活发生了巨变。从一个行动迟缓的胖子到一个堪比"现代阿甘"的传奇式人物，沃特用了一年，他收获的绝不仅仅是减肥成功这么简单。放弃舒适的生活，做一次人生的改变，人人都可以做到，但未必人人愿意行动。所以，沃特成功了。

你也是，只要付诸行动，没有什么不可以。勇敢行动起来，创造自己生命的奇迹吧。

成长笔记

我们经常下各种各样的决心，但真正付诸行动的却少之又少。工作繁忙，琐事缠身，心情不佳等种种原因都会成为我们的借口。从今天起，别再抱怨、别再犹豫，确定目标后勇敢、果断地行动，我们就会创造出一个又一个奇迹。

想成功的人请举手

王 磊

22 岁的布罗斯刚进入白宫的时候，在同事中引起了一阵不小的骚动。虽然他只是一个普普通通的公务员，一个毫无经验的撰稿人，但他特立独行的性格还是给人们留下了很深的印象。尤其是他那一头染成红色的头发，更是在西装革履，素以保守沉稳闻名的白宫撰稿人中显得格外的刺眼。

布罗斯不仅在衣着上显得与众不同，而且对自己的职业也有着不同于别人的看法。白宫的撰稿人是一个很特殊的群体，美国大部分的对外施政纲领和所有的演讲稿都由这些智囊们构思、策划、撰写、润色。从某种角度上说，他们就代表着美国的形象。所以，对撰稿人的选拔也就格外严格。他们内部也按着资历，有着严格的等级分别。而布罗斯恰恰没有看重这种严格的等级分别。刚进入白宫不久，他便根据自己从亲身实践中获得的经验，向上司陈述了一些自

已的意见。可现实毕竟不是童话，布罗斯独到的见解不仅没有得到上司的青睐，而且还招来了同事们的冷嘲热讽。关系不错的朋友都在私下劝他收敛一下，免得吃亏。初出茅庐便栽了跟头的布罗斯也渐渐变得沉默寡言，但他却在苦苦地等待着新的机会。

2005 年，随着国务卿鲍威尔的辞职，白宫再次发生了天翻地覆的巨变。一朝天子一朝臣，谁也不知道自己的饭碗是否还能保住，白宫撰稿人们都暗暗为自己捏了一把冷汗。不久之后，新上任的国务卿赖斯便召集所有撰稿人开会。出乎所有人的意料，赖斯并没有裁员的意思，只是想征询一下众人如何撰

写白宫演讲稿的意见。没有了失业的压力，众人又恢复了保守沉稳的本性，一个个沉默不语。会议开的非常沉闷，不时有人打着呵欠。就在失望的赖斯准备结束这鸡肋般的会议时，一个红头发的年轻人高高举起了手。众人纷纷把目光投了过去，接着爆发出一阵哄笑——又是布罗斯，这个性格叛逆的年轻人不知道又会说出什么让人吃惊的话来。这是整场会议中唯一主动举手的人，赖斯让他阐述自己的观点。面对国务卿，布罗斯显得有些拘谨，有些慌乱地陈述完了自己的想法。赖斯微笑着听完了他的话，觉得大多数的想法并没有什么新意，不过也有一些点子很有创造性。会议结束后，赖斯转身告诉身边的助手："请留意一下这个红头发的孩子。"

从那之后，布罗斯很快便从众多的撰稿人中脱颖而出。很快，他便成了赖斯唯一的撰稿人。一篇篇天才的演讲词从他笔下流淌而出，成就了赖斯，也照亮了自己。年仅 26 岁的布罗斯在等级森严的白宫中平步青云，成为了白宫中最年轻的高级顾问。他走红的速度甚至让以造星出名的好莱坞大跌眼镜。如今，无论赖斯走到哪里，人们都会在她身边看见一个红头发的大男孩儿。他已

经成了白宫高层必不可少的成员。

这世界上并不缺少机会，缺少的只是抓住机会的决心。阻碍我们成功的往往不是无人给我们机会，而是我们没有让机会发现自己的胆量。我们之所以与成功无缘，是由于太在乎他人的看法，在机会面前犹豫不决。想成功的人请举手！在机会未来临时，我们可以恐惧、退缩、茫然无措；可当机会到来的刹那，我们必须鼓足勇气，战胜恐惧，把自己的手高高举起。没人给我们机会，我们就要给自己创造机会。

成长笔记

能够抓住机会，需要足够的勇气、智慧与信心。不要太在乎别人的想法与议论，在机会面前，做真实的自己。当你成功迈出第一步时，会发现机会已被你牢牢掌控。倘若犹豫不决，机会就会迅速溜走，而你也将两手空空。

先进去再说

祝师基

有一个青年一直视上哈佛大学为自己的梦想，可由于那高额的学费他一直不敢报考哈佛。他在申请攻读博士时，把另外几所大学作为报考学校，后来，由于不甘心，就抱着试试看的态度同时申请了哈佛大学，希望有一个意外惊喜出现。

5 月份时，他接到一所大学的通知书，校方答应给他很好的待遇——不仅免除了四年的学费，还提供四年的助学金。在他为如此待遇兴奋之时，又接到了哈佛大学的录取通知书，但校方只给他 6 500 美元的奖学金，这意味着他每年还要补交 4 000 美元的学费（哈佛每年的学费是 10 500 美元）。

到底上哪所学校？放弃哈佛吧，可心里一直放不下；去上吧，剩下的高额学费从哪儿来？他陷入了痛苦的抉择，后来，他去征求一位老师的意见。

老师听了他的话之后，说："是啊，6 500 美元是少了点，但这可是哈佛呀！"

"如果每年都缴 4 000 美元的学费，我不就惨了吗？"

"你有没有找哈佛大学学生资助中心的人员了解一下情况？"

青年摇了摇头。

"那你就去了解一下吧,"老师语气坚定地说,"我敢打赌,你一定会得到进一步资助的。"

"你为什么这样说呢?"

"如果你不对学校表现出充分的诚意,它怎么会愿意进一步资助你呢?"老师两手一摊说道。

第二天一大早,这位青年来到哈佛大学学生资助中心办公室,向主任了解情况。主任耐心地听完他的陈述后,问道:"你到底有没有决定上哈佛?"

青年迟疑了一下说:"是的,我已经决定上哈佛了。"

"那就好,"主任说,"等我收到你的回信后,会进一步替你想办法的。"

青年回到住处后,立即给哈佛大学写了回信,表示愿意上哈佛大学攻读博士学位。

后来的结果是,校方学生资助中心决定补加2 500美元的奖学金。这令青年喜出望外。

他的老师听后认真地对他说:"凡事先进去,再想办法。我敢打赌,你将来缴的学费一定比你现在想象的还要少得多。"

老师的话没错。这位青年入学后，校方又通过不同途径对他进行了资助。他在哈佛的六年时间内，不仅一分学费没缴，还挣到了四万多美元的奖学金！

"先进去再说"成为这位青年日后重要的办事原则。这位青年就是汇丰银行中国总裁王世。

无论做什么事，先要为自己争来机会。机会抢到手，成功的可能已有一半了。

成长笔记

"机会只垂青有准备的人"，它不会坐等你去发现它，而要靠你的智慧去寻找它，要靠你的奋斗去争取它。所以，我们面对机会，不能轻言放弃，应尽力把握好机会，这样方能在竞争中取胜。

像烟花那样绽放

姜钦峰

他是那种最没有前途的龙套演员。虽然参加过许多影视剧的拍摄，但在字幕上从来看不到他的名字。默默无闻，招之即来，挥之即去，微薄的收入仅能糊口，他的名字从来不被人记起。因为名不见经传，他在片场混迹多年，只扮演过一种角色，没有台词，看不到表情，更没有发挥的空间。可他热爱演艺事业，不怨天尤人，也不奢望什么，只是兢兢业业地演好每一个角色，包括"死尸"。

上世纪90年代初，周星驰已经大红大紫，电影《唐伯虎点秋香》在香港开机。那天在片场，刀光剑影中，正邪两派高手打得难解难分。正在此时，横空飞来一具"死尸"，重重地砸在地上，一动不动。那具"死尸"就是他扮演的。这时，周星驰忽然童心大发，恶作剧起来，朝"死尸"踢了一脚。他躺在地上没反应。周星驰加了把劲，又踩了他一脚，还没动静。于是，周星驰又拿起手中的霸王枪（道具）对准他的大腿戳了两枪，他依然纹丝不动。不好，可能演员发生意外了！周星驰吓得不轻，赶紧叫大家停下，然后亲手把他扶起来。

这时他才睁开眼睛，因为脸上涂满了泥巴，样子更为滑稽。原来是虚惊一场，周星驰面有愠色，质问他："你刚才为何一声不吭，把我吓了一跳。"气氛骤然紧张起来，有好心人立即上来提醒他："快给星爷认个错吧，不然的话，你的饭碗就砸了，今后连死尸也别想演了。"他抹去脸上的泥巴，解释道："我演的是死尸，只要导演没喊停，就不能动啊！"周星驰愣住了，半响才开口："你叫什么名字？以后就跟着我开工吧。""田启文。"他高声回答。后来，这一幕被周星驰搬进了电影《喜剧之王》中。"

一个跑龙套的能把"死尸"演绎得"活灵活现"，还有什么角色演不好？田启文的敬业精神感动了周星驰，同时也为自己敲开了成功的大门。此后，在周星驰的每一部影片中，都能看到他的出色表演。

世界是个大舞台，上帝赐予每个人不同的角色，有主角、配角，当然还得有人跑龙套。既然出身无法决定，何不把握未来？或许我们暂时只是个小角色，微乎其微，与其怨天尤人，一事无成，不如全力以赴、专心致志演好每一个角色。

人生就像烟花，目前的小角色就是那根小小的引信，毫不起眼儿，也不会自燃，唯有亲手将其点燃，才会绽放出绚烂夺目的光彩。

成长笔记

做一件事情，就要认真负责，这是做人的一个原则。对生命负责的人，生命才能为你担起责任。不要一副玩世不恭、无所谓的样子，因为那会让你的整个人生败得一塌糊涂。

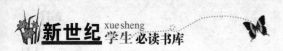

小黄花的"春天"

张小失

在 1992 年冬天，我的一个同学自杀未遂。这个消息传到学校，令大家震惊。其实大家并不太了解他，因为大家都是"复读生"，临时凑成一个班级，在那种灰暗的心境下，没有交往的兴致。当时，班主任神情凝重地站在讲台上，就此事对我们只说了一句话："他还会来的，你们别管他任何事情，包括安慰。"约一周后，这位同学默默地出现在教室里。大家表现得像往常一样，没有谁"关注"他。随着时间的流逝，关于自杀的事情渐渐淡化了。

1994 年，这位同学终于考上了大学。与他同校的还有我们的同学阿肥。下面的故事是阿肥转述的——

自杀的同学被救的第三天，身体状况好转。当时的班主任去看望他，竟然笑眯眯地对他说："你可真有勇气啊，死都不怕，却怕活着，这很矛盾，令我费解……"第六天，同学出院了，是班主任与他的父母一起去接的。班主任对

他父母说："让我单独和他散散步。我和他之间还不熟悉，也许会有新鲜话题可聊。"得到他父母的同意，班主任就领着他走了。他们来到郊区的一片厂房边，那里的墙角有一排空调机，整天运转。老远，班主任就指着空调机下面说："你看见什么了吗？"同学瞅了半晌说："好像有一片黄布丁。"班主任哈哈笑了："我敢打赌，不走近，你一辈子都猜不出那是什么！"同学来了兴致，匆匆上前，哇！竟然是一朵小黄花！班主任说："是的，我每天上班骑车经过这里，都要瞅它一眼——这么寒冷的冬天，我开始也不敢相信，但这的确是一朵黄花。"同学蹲下身，仔细打量花朵，久久无语。班主任说："空调机下面一直是热的，这朵花误以为是春天来了，于是，它开放了。"这位同学的泪水默然滑落。班主任拍拍他的肩膀："小伙子，坚强些，一朵没有复杂思维的花儿，都能在寒冷的冬天看到自己的春天，何况人呢？"

故事听到这里，我的嗓子像被堵住一样，眼圈热热的。我想起雪莱的诗句："冬天来了，春天还会远吗？"但是，雪莱是清醒的，而花没有他那样的理性，它不想被动地等待，而是直接付诸行动。你能说，那个冬天不是那朵小黄花的春天吗？它招摇的身姿已经改变了那个冬天的意义，温暖了我同学的整个心灵。

成长笔记

冬天的寒冷并没有阻止小黄花的开放，因为温度适宜。现实世界中，人们往往会因各种因素的影响而改变自己的行动，不敢面对自己的真实想法。不妨勇敢一点，用你的实际行动让你未来的人生绽放出绚丽的光彩。

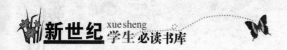
把斧子卖给总统

刘燕敏

在 2001 年 5 月 20 日，美国一位名叫乔治·赫伯特的推销员成功地把一把斧子推销给了小布什总统。布鲁金斯学会得知这一消息后，把一只刻有"最伟大的推销员"的金靴子赠予了他。这是自 1975 年以来，该学会的一名学员成功地把一台微型录音机卖给尼克松后，又一学员享此殊荣。

布鲁金斯学会以培养世界上最杰出的推销员著称于世。它有一个传统，在每期学员毕业时，设计一道能体现推销员能力的实习题，让学生去完成。克林顿当政期间，他们出了这么一个题目：请把一条三角裤推销给现任总统。八年间，有无数个学员为此绞尽脑汁，可是最后都无功而返。克林顿卸任后，布鲁金斯学会把题目换成：请把一把小斧子推销给小布什总统。鉴于前八年的失败与教训，绝大多数学员知难而退，个别学员甚至认为，这道毕业实习题会和克林顿当政期间一样毫无结果，因为现在的总统什么都不缺少，再说即使缺少，也用不着他们亲自购买。

然而，乔治·赫伯特却做到了，并且没有花多少工夫。一位记者在采访他的时候，他是这样说的：我认为，把一把斧子推销给小布什总统是完全可能的，因为布什总统在得克萨斯州有一个农场，里面长着许多树。于是我给他写了一封信，说：有一次，我有幸参观您的农场，发现里面长着许多矢菊树，有些已经死掉，木质已变得松软。我想，您一定需要一把小斧头，但是从您现在的体质来看，这种小斧头显然太轻，因此您仍然需要一把不甚锋利的老斧头。现在我这儿正好有一把这样的斧头，很适合砍伐枯树。假如您有兴趣的话，请按这封信所留的信箱，给予回复……最后他就给我汇来了 15 美元。

乔治·赫伯特成功后，布鲁金斯学会在表彰他的时候说，金靴子奖已空置了 26 年。26 年间，布鲁金斯学会培养了数以万计的推销员，造就了数以百计的百万富翁，这只金靴子之所以没有授予他们，是因为我们一直想寻找这么一个人，这个人不因有人说某一目标不能实现而放弃，不因某件事情难以办到而失去自信。

成长笔记

读到最后，我们才明白：布鲁金斯学会之所以奖励乔治·赫伯特，并不是他有非凡的推销天赋，而是因为他有敢于尝试的精神。由此可见，万事万物皆靠"信念"二字。

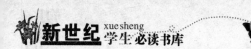

你能够心想事成

鲁先圣

　　之所以绝大多数的人都没有成功，其实，并不是智商和能力的因素，而是对自己缺乏信心。任何一个人，即使是一个先天残疾的人，只要付出一生的努力，也一定能够心想事成。

　　肯特是目前美国休斯敦航天中心的首席科学家，他最重要的课题是不用视觉，而是用电子学的方法观察星空。他把一台特别设计的计算机连接到射电望远镜上，把视觉图像变成能够用手接触的撞击运动。由于没有常人先入为主的视觉干扰，他常常发现其他用普通观察方法观察不到的星际关系。他常说："我的大脑将所有数据都变成了三维图像，我完全可以想象出真实的图像是什

么样子。"他正是凭借着自己独特的科学方法，不断取得新的发现成果，成为目前人类探索外星生命最重要的科学家。

可是，有谁知道，肯特是一个一出生就双目失明的盲人？他 1949 年生于俄克拉荷马州。由于早产，接生时输了大量的氧气，他的视网膜受到了严重的破坏，生下来就双目失明。他的父母是一对有着坚强意志的夫妇，他们没有因为儿子的残疾而放弃，他们坚信，只要正确引导教育孩子，儿子同样可以心想事成。

最早的训练是从爬树开始的。当肯特从树上一次次摔下来，夫妇鼓励他又一次次爬上去的时候，他的父母告诉他："你可以凭感觉知道物体的位置，你的体内仿佛装着一部雷达。"父母让他训练骑自行车，甚至参加自行车比赛。他们对孩子说："这很容易做到，没有谁说过盲人不能骑自行车。"他同邻居家的孩子比赛，肯特一听到开始的命令，立刻第一个冲出去，结果撞到了路旁的一辆汽车上，顿时鲜血直流，几颗牙齿也松动了。小伙伴都吓坏了，但是肯特却顽强地站起来说："我赢了！"

为了培养孩子的自信，他的父母决定不把他送到盲人学校去，让他与健康的孩子一起读书。可是俄州的公立学校都拒绝接受盲人孩子。后来，他们听说加利福尼亚州的一所学校接受盲人学童，他们就毅然把家搬到了加州的坦波城，从此肯特开始了与健康的孩子一样生活学习的过程。

肯特努力训练自己的其他器官来弥补自己的视觉缺陷。他的老师布里常常回忆这样一件事。有一天，他正带领学生在操场上体育课，突然，肯特说："老师，有一架飞机飞过来了。"大家都很惊诧，大家都没有听到飞机马达的声音，看看天空也没有飞机飞过。十几秒钟以后，大家正为他的话争论着的时候，果然有一架飞机从远处飞来。大家为肯特的神奇听觉惊呼起来，肯特则露出了快乐的笑容。

这一件事情让小小的肯特迷上了航

天事业。他买来了大量的有关航天技术的书籍，刻苦钻研，希望自己能够成为一个航天专家。

25 岁的时候，肯特编出了一套计算机程序，以此证明国家宇航局太空舱安装雷达系统的计划是不经济的。国家宇航局非常重视，经过研究发现，肯特的建议是正确的。这引起宇航科学家们的极大兴趣，他们把肯特请到宇航中心。他对于航天方面的了解让科学家们非常震惊。国家宇航局破例聘请了年轻的肯特进入航天局工作，他不仅仅成为宇航中心最年轻的科学家，也是宇航中心唯一的盲人科学家。

肯特现在常常被一些学校请来给青少年学生做演讲。他每一次演讲的题目都没有变化：你能够心想事成。

成长笔记

你能够心想事成，只要你拥有足够的信心。我们之所以在失败之后止步不前，其实，并不是智商和能力的因素，而是对自己缺乏信心。任何一个人，即使是一个先天残疾的人，只要信心十足，又肯付出一生的努力，就一定能够得偿所愿。

敬礼的小男孩

不 靓

我所住的军队大院在这个城市的闹市里。静谧的大院与外面的喧闹虽只隔门相望，却好像是两个世界。戒备森严的门岗，让往过的人露出好奇的目光。

大门50米拐弯处有一条小巷，是我每天必经的地方。巷口有一个修鞋铺，一对年轻的聋哑夫妇带着一个瘦瘦的四五岁的孩子，守着修鞋摊。孩子很伶俐，有人来修鞋时，他静静坐在小凳子上"翻译"父母的话；没有生意时，夫妇两个就会抬了黝黑的脸，眯着眼，看一身尘土的孩子在阳光里奔跑。

有一天，我去修鞋子。小男孩低着头帮助父母找胶水时，我跟旁边卖水果的摊主聊起了天。得知我住在大院里时，小男孩立刻抬起头，两眼晶亮，很兴奋地问："阿姨，大院里面是不是有很多解放军叔叔呀？"我说："当然了。"小男孩一下子跳起来，挺直小胸脯，"啪"地敬了个很不标准的礼。那认真的样子惹得我们都哈哈大笑起来。小男孩的母亲抬头爱怜地看了孩子一眼，抬起手指咿咿呀呀地跟我比划着。小男孩坐下来，对我翻译道："我妈妈说，有一年发大水，她困在水里，是解放军叔叔救了她，我们都很感谢解放军……"他突然转过头，歪着脑袋问我："阿姨，我想长大了当解放军。你看我行吗？"我摸摸他的大脑袋，随口说："行啊。"小男孩身子立刻弹起来，他跳跃着，说："我行的，我行的。阿姨说我行的！"他摇晃着母

亲的胳膊，母亲却抬手擦了擦眼睛。我开玩笑说："那你要先练好敬礼才行啊。"小男孩重重地点头。

刚好那时单位搬迁了，很长时间我都没有从小巷经过。入秋后的一天，风很大，我匆匆忙忙去小巷准备买点青菜。经过鞋摊的时候忽然发现，只有那对夫妇，平时一直奔跑在旁的小男孩不见了。我不由停下了脚步，问起了小男孩。他母亲流泪了，慌忙找来一张纸，歪歪扭扭写道："孩子病了，癌。"我的心沉了下去，孩子的母亲满含热泪的眼中露出祈望，继续写着："他每天练敬礼，求求你，带他去大院看一下好吗？"我点点头。

跟着男孩的父母在小巷穿梭了半天，终于在一间简陋的房子里看到了躺在床上的小男孩。他一见我，就兴奋地大叫："阿姨，你看我现在敬礼标不标准？"他的声音很嘶哑，脸色很黄，他站起来敬礼，可瘦弱的胳膊却很无力。

我带着穿戴一新的小男孩到大院门口，简单地跟门岗解释了一下。

进门的那一瞬，门口的战士"啪"地对着小男孩敬了一个军礼。仿佛从面前经过的不是一个瘦小病弱的孩子，而是一个高大威武的将军。小男孩的眼睛闪烁着激动的光芒，蜡黄的脸上现出兴奋的红晕，瘦弱的胸膛挺得笔直。他松开我的手，用力给门岗的战士敬了一个军礼。笑容弥散开来，我的泪水却一点一点落下来……

那一天，小男孩在大院里一看见穿军装的人，就跑过去认真地敬礼。他们摸着他的头说："谁家的孩子这么有趣？"一整天，他都很兴奋。最后，他终于伏在我的怀里睡着了。我摸着他圆圆的大脑袋，心里氤氲起一片温暖的悲伤。我悄悄塞了些钱在他的衣服里，除此之外，我还能做什么呢？悲伤如水漫开，疼痛随之涌来。

　　一个月后的一天，小男孩的母亲一脸悲哀地"告诉"我，孩子走了。尽管是意料中，我的心还是重重地一沉。

　　树叶漫天飞舞，好像蝴蝶翩跹在风中。静谧的大院依旧与外面的喧闹隔门相望，过往的人群仍然报以好奇和崇敬的目光。温煦的阳光里似乎还留有那个瘦小的身影，他敬礼时庄严的目光，让我今生难忘。

成长笔记

　　一个如此瘦小病弱的孩子，为了表达对救他母亲的解放军的感激之情，不断努力地练习敬礼。敬一个小小的军礼虽然看起来只是一件小事，但其背后却藏着一颗赤诚的心。

穿旧皮鞋的孩子

感 动

他出生于英格兰西部坎伯兰的一个贫苦家庭，因为家庭经济条件常年拮据，父母靠节衣缩食才让他勉强念完小学和中学，他从来不讲究穿戴，不和同学攀比，因为他深知自己每一分学费里都渗透着父母的汗水，他对父母唯一的回报就是刻苦认真地学习。

由于成绩优秀，中学毕业后，他被学校保送进了威廉皇家学院。这所学校里的学生，大多数是有钱人家的子女，所以，衣衫褴褛的他就成了另类。那些不知贫穷艰辛的富家子弟，见他穿着寒酸，不但没有伸出同情和友谊之手，反而还经常讥笑、讽刺、奚落他，把他当做开心的点心。他在校园里行走时，习惯了低头的姿势。

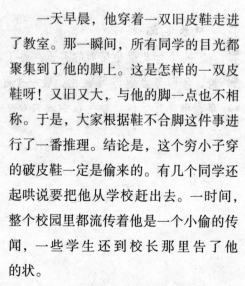

一天早晨，他穿着一双旧皮鞋走进了教室。那一瞬间，所有同学的目光都聚集到了他的脚上。这是怎样的一双皮鞋呀！又旧又大，与他的脚一点也不相称。于是，大家根据鞋不合脚这件事进行了一番推理。结论是，这个穷小子穿的破皮鞋一定是偷来的。有几个同学还起哄说要把他从学校赶出去。一时间，整个校园里都流传着他是一个小偷的传闻，一些学生还到校长那里告了他的状。

他知道以后很生气，真想去揍那些

造谣的家伙，好好教训他们一顿，但他更明白，这里是富家子弟的天下，自己是穷人的儿子，如果真打起架来，触犯了校规，倒霉的肯定是自己。他咬紧牙关，把眼泪咽到肚子里，尽量克制自己。但他没有想到，谣言重复多次就会变成真的。一天晚自习，在没有任何征兆的情况下，校长突然带着两个校警走进教室，把他叫到前面，双眼死死地盯着他的双脚，然后让校警去搜他的书包。整个班级鸦雀无声，那几个造谣的同学幸灾乐祸地期待着书包里的发现。

"校长先生，除了书本和一封信，什么也没有。"两个校警说。"把那封信拿给我看。"校长要过那封折得发皱、磨得起毛的信，撕开信封，展开信纸，在学生们的注视下，他开始读起来。

"孩子，刚提起笔，我就要流下眼泪，因为想到了你穿着那双又大又破的皮鞋走在校园里的情形。我的脚是 40 码的，而你的脚才 35 码，那双鞋你穿着一定不合脚。我总是梦到别的孩子拿那双鞋取笑你，孩子，希望你不要自卑，记住，穷人也一样会有出息的。最后，请原谅你贫穷的父亲吧，连为你买一双皮鞋的钱都没有……"

读着读着，校长的嘴唇竟颤抖起来。而他，再也忍不住了，"哇"地一声扑到校长的怀里痛哭起来。这哭声，诉尽了他经受过的所有不公。那一刻，整个教室沉寂至极，紧接着，一片啜泣的声音慢慢响起。

从此以后，他不再低着头走路，他决心要为贫穷的父亲争口气。就这样，他竟从贫穷里获得了无穷的动力，他的学习成绩从此成为最优秀的，同学、老师和校长也开始对他刮目相看。

后来，这个穷人的儿子在人生的道路上硕果累累，从 1907 年起他一直是

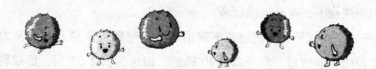

英国皇家学会会员，1935年，他又被选为皇家学会主席。他曾担任全世界16所大学的名誉博士，而且是世界上一些主要学会的会员。他获得过的奖章和奖金不计其数，其中最引人注目的是他和他儿子共同获得了1915年的诺贝尔物理学奖。

他的名字叫亨利·布拉格。

换个角度来看，贫穷有时也会是一种无穷的动力源泉，对待贫穷的不同心态让一些人永远贫穷，而另一些人却因此走上了别人难以企及的生命之巅。

成长笔记

很多时候，我们的成功取决于我们对人生的态度。贫穷也好，富贵也罢，我们只要积极乐观地面对人生，坚定信念，就能昂起头迈向成功。

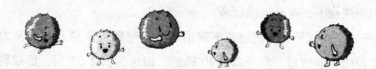

告别"我不行"

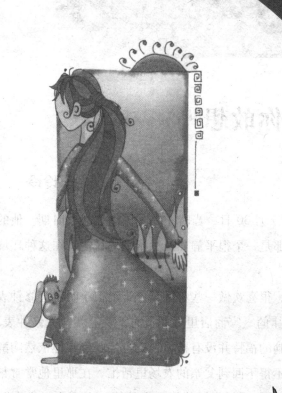

　　"我不行"是一个在生活中最容易出现的套。许多人的失败，往往来自不自信和对外界阻力的恐惧。其实，很多时候，只要你勇敢地去敲门，就会发现它并不像你想象的那样难以打开。

你敢想吗

于玲玲

　　亨利·福特出生于 1863 年 7 月 30 日，当时正是美国南北战争时期。他的家乡在美国密歇根的农村里，那是一个很平静和缺少帮助的村子。在这种环境下生活，什么都要自己做。

　　小福特的动手能力非常强，很喜欢做一些小玩意，年纪很小时就会修钟表了。后来，亨利·福特在底特律的一家商店里做职员时，晚上就帮人修钟表。生活很穷苦，可是，爱动手动脑的福特并没有被穷苦的生活吓倒，他依然陶醉于新机器的发明。不久，福特不得不回到父亲的农场里帮忙。在那里他常常帮村里的人修理坏了的蒸汽机，还亲手制作了他们家乡的第一台"农场火车"，以蒸汽为动力，能行走 12 米。

　　1888 年，福特结婚了。可是，他并没有忘记自己的事业，他要制造出"无马马车"。有一天他突发奇想，产生了一种要设计一种新型引擎的想法，于是他把这个念头告诉了妻子，妻子鼓励他说："试试吧，或许能成功。"于是，福特每天下班以后，就悄悄钻进自己家的旧棚子里，着手干这件事。冬天到了，他的手背冻出了许多紫包，牙齿也在寒风中颤抖不止，但他对自己说："引擎的事已经有了头绪，再坚持下去就成功了。"1893 年，亨利·福特和他的妻子驾着一辆没有马的"马车"，在大街上摇晃着前进，街上的人被这种景象吓了一跳，有些胆小者还躲在远处偷偷地观看。但就从这一天起，一个新的工业时代诞生了。不久，福特正式成立了福特汽车公司。

后来，亨利又突发奇想，在大家都认为不可能的情况下，他设计并制造出著名的"T"型汽车，获得美国人的青睐，后来还远销全世界。

有时，我们会有这样的感叹，以为机遇总垂青于别人，成功遥不可及。实际上，对了我们所追求的目标，有时候我们连想的勇气都没有，又怎能够谈成功呢？

更多的时候，我们迷失了，活得不知所措。可能就是因为我们一个接着一个地掐灭了亮在内心的许多想法，从而一次次错失了走向成功的机会。从这个意义上讲，敢想，给予我们的不仅是前进的勇气，更重要的是，我们的人生从此有了确定的目标。

成长笔记

亨利·福特因为自己心中的念头而发明了引擎，制造了"T"型汽车，获得事业的成功。他的事迹告诉我们，只要我们心中有梦想，只要坚持不懈地努力奋斗，便一定会成功。

罗纳尔多的龅牙

阿 翔

被称为"外星人"的罗纳尔多也许是世界上令后卫最头痛的前锋：足球场上，他精准的射门，惊人的启动速度以及那种无时无刻不在的霸气，足以让每一个后卫恐惧。

可又有谁知道，开始学踢球时，尽管他有非凡的踢球天赋，但他的表现却让人担忧。因为只要一上场比赛，他就紧闭着嘴唇，他宁愿把奔跑的速度放慢，也不愿意把嘴巴张开自由地呼吸，让人看到他那口龅牙。直到后来，有位细心的教练发现了这个问题，他拍了拍他的肩膀说："罗尼，你的龅牙不是你的错，在场上你应该忘记你的龅牙。你只有在球场上取得成功，才能让别人眼中只有你精湛的球技而忘记你相貌上的缺点。不然，你的缺点将永远在别人的眼中。"

自此以后，罗纳尔多在踢球时不再刻意隐瞒自己的龅牙，他张开嘴巴自由地呼吸。奇迹出现了！罗纳尔多的球技突飞猛进，并在 18 岁时就进了巴西国家队，夺得了世界杯，不到 20 岁就获得了世界足球先生的称号。

罗纳尔多功成名就后，再也没有人提起他的龅牙很难看，反倒有很多人认为罗纳尔多的龅牙很性感。

我们是不是也有刻意隐瞒、不敢示人的"龅牙"呢？

其实在许多时候，正是一些自以为"羞于见人"的缺陷，成了束缚我们成功的瓶颈，我们只有对自己的"龅牙"表示不在意，才有可能成为另一个足球场上的罗纳尔多。

成长笔记

自卑常常成为我们成功路上的绊脚石。其实每个人都不是完美的，过于在意自己的缺陷往往就无法大踏步地向成功迈进。抛开自卑，也许就是成功的第一步！

以苦为药

晓 平

你吃过中药吗？大多数中药都是苦的，而正是那药性之苦，激活了人体的生理机能，使人变得健康起来。人生有时也要吃苦，有的人以苦为药，正是那人生之苦，激活了他们内心的灵魂，使他们变得坚强起来。

有一个女孩，大学毕业后，在伦敦漂泊，靠打零工糊口。后来，她与一名记者结了婚，但很不幸，最终丈夫抛弃了她，她带着出生仅四个月的女儿被赶出了家门。在痛苦中，她决定写一套畅销的书，以改变自己的命运。她靠政府的租房补贴租赁了一间简陋的房子，在厨房的桌上完成了第一部作品的手稿。她的妹妹看了她的手稿后，大加赞赏，这使她受到极大的鼓舞。于是，她每天用手推车推着小女儿走半小时的路，来到市中心的咖啡馆，找一个安静的角落，在女儿熟睡的时候，专心写作。她经受的这些人生之苦，终于使她的灵魂大放光华，1997 年，她的第一部作品一出版就引起了轰动，在全世界迅速掀起了一股"哈利·波特"的热潮。至今，她的作品已被翻译成六十多种语言，在

二百多个国家和地区行销两亿多册。她被英国女王伊丽莎白授予帝国勋章，美国《财富》杂志曾评选她进入世界百名财富排行榜。她就是畅销科幻小说《哈利·波特与魔法石》的作者 J·K·罗琳。

罗琳在接受记者采访时，最爱说的一句话就是："人生就是受苦。"但她是一个以苦为药的人。

成长笔记

苦难是前进的绊脚石，有时却是成功的云梯。在艰难困苦之中自强不息的人，一定能改变自己的人生，只要努力，相信你也可以。

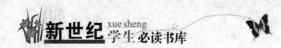

摔坏的乐器

王 悦

1814 年，安东尼生于比利时的迪南小镇，父亲是当地有名的木匠，平时也兼做些乐器。11 个兄弟姐妹中安东尼最热衷做木工活，天分也最高，很小就开始在父亲的作坊里帮忙。

安东尼一生中意外不断，能活下来确实是个奇迹，他小时候被砖块砸破过头，曾吞过缝衣针，从楼上跌落过，曾摔在点燃的炉火上，还误食过硫酸。但这些都没能阻止他在 1835 年——21 岁时发明一件奇特的乐器。这乐器有类似木箫的吹气口，同时又有号角般的圆锥形筒，而会属圆筒竟带风琴那样的按键。

开始安东尼想通过作曲家柏辽兹把这件新乐器介绍给巴黎音乐界。尽管安东尼煞费苦心，但法国乐器商根本没把一个比利时来的无名小辈放在眼里。上层音乐家们也对新发明不屑一顾，他们更喜欢用自己熟悉的乐器。一晃 9 年过去了，安东尼的愿望始终没能实现，他还是一个默默无闻的小木匠。

1844 年，柏辽兹为安东尼争取到了一个在巴黎音乐会上演出的机会，并特意为他的节目写了曲子，希望能由此为新乐器求得生机。但就在去演出路上，意外又一次降临，安东尼的乐器从马车上掉下来，摔成两半儿。你可以想象他当时懊恼的心情。

不过安东尼并没有打道回府，他最终还是抱着破损的乐器登上了舞台，吹奏时他的双手一刻也不能离开乐器，否则铜管就有可能掉下来。因此安东尼没法儿翻乐谱，只能凭记忆演奏。有几次，由于过度紧张忘记了谱子，他就干脆持续吹一个长音，直到想起谱来再继续演奏。法国观众从来没听过这样的声音，顿时喜欢上了那些荡气回肠、委婉曼妙的长音。演出结束后，安东尼一连谢了 5 次幕，台下仍然掌声不绝。

不用说，能奏出这种特殊效果的乐器一下子成了巴黎音乐界的宠儿。不久，一支乐队在参加音乐大赛时采用了安东尼的乐器，轻而易举地赢得桂冠。接着，法国政府将他的发明列为军乐队必备的乐器之一。1846 年安东尼申请专利时，根据自己的名字，安东尼·约瑟夫·萨克斯，将这件乐器命名为——萨克斯管。

生活中充满了变故。面对意外，我们可以沮丧退缩，也可以放手一搏。当年，如果安东尼选择退缩，我们就可能永远也听不到萨克斯管那优美动听的长音了！

成长笔记

塞翁失马，焉知非福。不幸中包含万幸，只要坚持不懈地追逐目标，就会得到成功的青睐。

第一位黑人州长

童剑和

　　罗杰·罗尔斯是纽约历史上第一位黑人州长，他出生在纽约声名狼藉的大沙头贫民窟。在这儿出生的孩子，长大后很少有人获得较体面的职业。然而，罗杰·罗尔斯是个例外，他不仅考入了大学，而且成了州长。在他就职的记者招待会上，罗尔斯对自己的奋斗史只字不提，他仅说了一个非常陌生的名字——皮尔·保罗。后来人们才知道，皮尔·保罗是他小学的一位校长。

　　1961年，皮尔·保罗被聘为诺必塔小学的董事兼校长。当时正值美国嬉皮士流行的时代。他走进大沙头诺必塔小学的时候，发现这儿的穷孩子比"迷惘的一代"还要无所事事，他们旷课、斗殴，甚至砸烂教室的黑板。当罗尔斯从窗台上跳下，伸着小手走向讲台时，皮尔·保罗说，我一看你修长的小拇指就知道，将来你是纽约州的州长。当时罗尔斯大吃一惊，因为长这么大，只有他奶奶让他振奋过一次，说他可以成为5吨重的船的船长。这一次皮尔·保罗先生竟说他可以成为纽约州州长，着实出乎他的意料，他记下了这句话，并且相信了它。从那天起，纽约州州长就像一面旗帜，他的衣服不再沾满泥土，他说话时也不再夹杂污言秽语，他开始挺直腰杆走路，他成了班主席。在以后的四

十多年间，他没有一天不按州长的身份要求自己。51 岁那年，他真的成了州长。

在他的就职演说中，有这么一段话。他说：在这个世界上，信念这种东西任何人都可以免费获得，所有成功者最初都是从一个小小的信念开始的。

成长笔记

信念是内心的光，它照亮了一个人的人生之路；真诚是踏实的步伐，它带你走向心灵的灯塔，成功属于在信念中真诚追求的人。

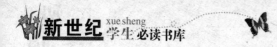

一段不寻常的对话

王发财

伍华德在美利坚航空公司做了十几年的接线员，每天都要接几百个各式各样的电话，有时会接到飞机失事前夕或出了某种故障而请求援助的电话。通常打电话者在电话里不是大声呼喊："快救救我们吧！"就是绝望地哭泣，再不就是哽咽地连句话都吐不出来。每每这时，伍华德都会在第一时间通知飞机控制中心，并像安慰孩子一样安慰他们。但有一次通话，却令伍华德毕生难忘。那天，一架飞机刚从伍华德所在的美利坚航空公司起飞不久，伍华德身边的电话就响了起来，他习惯性地拿起电话后，一个异常冷静的声音从电话里传来：

"听着，我是11次航班的3号服务员。我们的飞机已经被劫持，驾驶舱不回电话，商务舱有人被刺伤了，在商务舱无法呼吸，有人施放了毒气或是别的什么东西，我感到呼吸困难，其他乘客也一样。"

"明白，你可以描述你所说的那人的样子吗，在商务舱的那人？"伍华德问。

"我们的1号乘务员被刺伤，乘务长被刺伤，我们现在甚至不能去商务舱，因为在那里没办法呼吸，我想有劫机者在那里，已经堵住了去那里的路，无法给驾驶舱打电话。"虽然电话里不时地传出人们奔跑、喊叫、哭嚎的声音，但对方的回答却依然很镇定。随后，她又向伍华德提供了其中四名劫机者的座位号码。伍华德记录完毕后立即把电话转到了控制中心。

紧接着，伍华德又问了两个问题后，电话就掉线了。整个过程中，对方的语气一直保持得很平和，根本听不出半点慌乱来，令伍华德感到震惊的同时，也深深产生了敬意。他放回电话，开始为她和机组人员的平安祈祷。但随后，伍华德得知，这架被劫持的飞机撞击了美国世贸大楼，她与机上其他人员全部罹难。

这位英勇无畏的女士就是美籍华裔空姐邓月薇。就是她与伍华德这段冷静、镇定的对话，最早将劫机者的情况转告了地面。促使美国政府立即关闭全国机场，停止所有飞行航班，避免了更大的损失，拯救了更多的生命。她临危不惧，率先将客机遭劫持的消息通知地面控制中心的英勇事迹在美国被广为流传。不仅美国总统布什为她的亲属颁发了奖状，称她是"美国的英雄"；而且她的出生地美国旧金山市为了纪念她还专门设立了"邓月薇日"。

伍华德事后接受采访时说："身处危难，一个弱女子能表现得如此镇定而又专业，使我毕生难忘，虽然这是一个惨痛的回忆，但我能与勇敢的邓月薇有过长长的通话，我真感到荣幸，我深深敬佩邓月薇，她不仅是我们美国人的英雄，也是我们的骄傲！"

是的，面对巅峰式的英雄人物，我们往往觉得其荣誉的背后肯定做了什么惊天动地、了不起的大事，再不就是做出了多么大的牺牲。但在邓月薇身上我们却看到，危难之时能保持清醒的头脑，并用客观、冷静、镇定的心态来处之，也不愧是做人处世的一种至高境界。

成长笔记

面对困境，泰然自若、临危不惧，这样的心理素质无疑让人肃然起敬。即便结局已无法挽回，但英雄的行动，仍然鼓舞着在逆境中挣扎的人们。

别开枪，我有成功的预感

唐小峰

　　普拉格曼是美国当代著名的小说家，在学历上他甚至没念完高中。在他的长篇小说获奖典礼上，有位记者问道：你毕生成功最关键的转折点在何时何地？普拉格曼认为第二次世界大战期间在海军服役的那段生活，是他人生受正式教育的开端。他回忆说：

　　事情发生在 1944 年 8 月的一天午夜。两天前他在战役中受伤，双腿暂时瘫痪了。为了挽救他的生命和双腿，舰长下令由一个海军下士驾一艘小船，趁着夜色把他送上岸，去战地医院医治。不幸，小船在那不勒斯海湾中迷失了方向，那名掌舵的下士惊慌失措，差点儿要拔枪自杀……普拉格曼镇定自若地劝告他说：你别开枪，我有一种神秘的预感，虽然我们在危机四伏的黑暗中飘荡了四个多小时，孤立无援，而且我还在淌血……不过我认为即使失败也要有耐

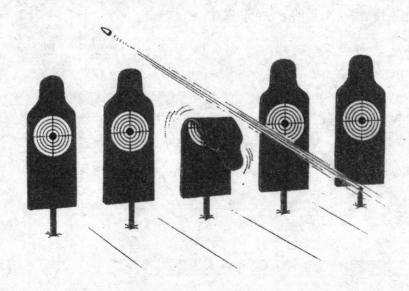

性，绝不要堕入绝望的深渊。没等他把话说完，突然前方岸上射向敌机的高射炮的爆炸火光亮了起来，原来他们的小船离码头还不到 3 海里。

脱险之后，普拉格曼在回忆中这样写道：自从那夜之后，此番经历一直留在我的心中。这个戏剧性事件包含了我对生活真谛认识的整个态度。因为我有不可征服的信心，坚韧不拔，绝不失望，即使在最黑暗最危险的时刻，我相信命运还是把我召向一个陌生而又神秘的目的地……

尽管每天我总有某方面的失败，但当我掉进自己弱点的陷阱时，我总是提醒自己，重要的是要了解失败的原因，这更接近认识自我的一种日常生活的严峻考验。无论如何，当我相信自己还有一个比现在更美好的梦想时，我就找到了慰藉，就找到了工作过程中的深深的快乐。

成长笔记

　　人生的道路上，每个人都会遇到突如其来的事件，有些事可以通过努力加以改变，有些事则无法改变，所以当有些事你不能改变时，不如静下心来思考，也许会有意外的收获。

像水一样流淌

张建伟

从小，他就有从大学中文系到职业作家的绚丽计划，然而，命运和他开了一个玩笑。

1955 年，他的哥哥要考师范了，但是，父亲靠卖树的微薄收入根本无法供兄弟俩一起读书，父亲只好让年幼的他先休学一年，让哥哥考上师范后他再去读书。看着一向坚强、不向子女哭穷的父亲如此说，他立刻决定休学一年。不过，就是这停滞的一年，他和哥哥的命运，一个天上，一个地下。1962 年，他20 岁时高中毕业。"大跃进"造成的大饥荒和经济严重困难迫使高等学校大大减少了招生名额。1961 年这个学校有 50% 的学生考取了大学，仅一年之隔。四个班考上大学的人数却成了个位数。结果，成绩在班上排前三名的他名落孙山。

高考结束后他经历了青春岁月中最痛苦的两个月，几十个日夜的惶恐紧张等来的是一个不被录取的通知书，所有的理想、前途和未来在瞬间崩塌。他只盯着头顶的那一小块天空，天空飘来一片乌云，他的世界便黯淡了。他不知所措，六神无主，记不清多少个深夜，他从用烂木头搭成的临时床上惊叫着跌到床下。

沉默寡言的父亲开始担心儿子"考不上大学，再弄个精神病怎么办"，就问他："你知道水怎么流出大山的吗？"他茫然地摇摇头。父亲缓缓说道："水遇到大山，碰撞一次后，不能把它冲垮，不能越过，就学会转弯，绕道而行，借势取径。记住，困难的旁边就是出路，是机遇，是希望！"父亲又说："即便流动过程中遇见了深潭，即便暂时遇到了困境，只要我们不忘流淌，不断积蓄活水，就一定能够找到出口，柳暗花明。"

一语惊醒梦中人。

1962 年，他在西安郊区毛西公社将村小学任教；1964 年，他在西安郊区毛西公社农业中学任教。后来，又历任文化馆副馆长、馆长。1982 年，他终于流出大山，进入陕西省作家协会工作。1992 年，正是这 40 年农村生活的积累，使他写出了大气磅礴、颇具史诗感的《白鹿原》。

他就是陈忠实。

后来有人问他："怎么面对困难与挫折？"老先生总淡淡地说："像水一样流淌。"

像水一样流淌，这是岁月积淀的智慧。遇见困难，努力了，无法消灭它，不如像流水一样，在大山旁边寻找较低处突围，依山而行，借势取径。只要我们不忘努力，不断奔突，也一样能够走出困境，到达远方，实现梦想。

成长笔记

生活中没有一成不变的事物，也没有永无变化的规则。顺应事情的发展做相应的改变，像水一样流淌，我们才会有收获。

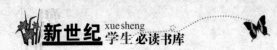
坚定的信念

谢冕

剑桥世界第一名女性打击乐独奏家伊芙琳·格兰妮说："从一开始我就决定：一定不要让其他人的观点阻挡我成为一名音乐家的热情。"

她成长在苏格兰东北部的一个农场，8 岁时她就开始学习钢琴。随着年龄的增长，她对音乐的热情与日俱增。但不幸的是，她的听力却在渐渐地下降，医生们断定是由于难以康复的神经损伤造成的，而且断定她到 12 岁，将彻底耳聋。可是，她对音乐的热爱却从未停止过。

她的目标是成为打击乐独奏家，虽然当时并没有这么一类音乐家。为了演奏，她学会了用不同的方法"聆听"其他人演奏的音乐。她只穿着长袜演奏，这样她就能通过她的身体和想象感觉到每个音符的震动，她几乎用她所有的感官来感受着她的整个声音世界。

她决心成为一名音乐家，而不是一名聋的音乐家，于是她向伦敦著名的皇家音乐学院提出了申请。

因为以前从来没有一个聋学生提出过申请，所以一些老师反对接收她入学。但是她的演奏征服了所有的老师，她顺利地入了学，并在毕业时荣获了学院的最高荣誉奖。

从那以后，她的目标就致力于成为第一位专职的打击乐独奏家，并且为打击乐独奏谱写和改编了很多乐章，因为那时几乎没有专为打击乐而谱写的乐谱。

至今，她作为独奏家已经有十几年的时间了，因为她很早就下了决心，不会仅仅由于医生诊断她完全变聋而放弃追求，因为医生的诊断并不意味着她的热情和信心不会有结果。

罗斯福总统的夫人曾向她的姨妈请教对待别人不公正的批评有什么秘诀。她姨妈说："不要管别人怎么说，只要你自己心里知道你是对的就行了。"避免所有批评的唯一方法就是只管做你心里认为对的事——因为你反正是会受到批评的。

"不要被他人的论断束缚自己前进的步伐。追随你的热情，追随你的心灵，它们将带你到你想要去的地方。"

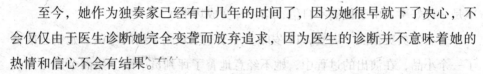

成长笔记

走自己的路，让别人说去吧！无论他们的观点如何，都要坚持自己的想法。哪怕上天对你再不公平，只要自己永不停止追逐梦想的脚步，即使是在无声的世界里，也能快乐地唱歌，尽情地跳舞。

告别"我不行"

于 雷

"我不行"是一个在生活中最容易出现的套。许多人的失败，往往来自不自信和对外界阻力的恐惧。其实，很多时候，只要你勇敢地去敲门，就会发现它并不像你想象的那样难以打开。

遗憾的是，更多的人，由于缺乏自信，往往犯下各种不应有的错误。甚至本是一件好事，由于他们不自信，结果却变成坏事了。

著名演员英格丽·褒曼，18岁时参加了皇家戏剧学校的考试。她精心准备了一个小品，在演出的过程中，她不经意地瞥了评判员一眼。然而令她万万没有想到的是：评判员正在聊天。接着，她便听到评判主席说："停止吧！谢谢你……下一个……"

褒曼在台上待了还不到一分钟而已。下台之后，她觉得万念俱灰，准备跳河自杀。由于河水很脏，褒曼怕自己死后形象难看，才打消了自杀的念头。然而就在第二天，她意外地得知自己被录取了。

英格丽·褒曼问一个评判员："我还以为你们不喜欢我呢，为此我差点儿去自杀。"她的话使评判员大吃一惊，说："天哪，事情与你想象的正好相反——当你跳到舞台的那一瞬间，我们就

互相讨论说：'不要浪费时间了，她被选中了，叫下一个吧。'"

《成功心理学》的作者丹尼斯·E·维特莱指出："当登上一个新的精神境界之后就会明白了——只有当我们打破了它的时候，才知道我们曾被投进牢狱！"

因此要时刻警醒：不要把自己囚禁在"我不行"的牢狱之中！

成长笔记

只有不自信的人，才会轻易说出"我不行"；了解自己真正的能力并勇于实现，你就是成功者。

曾经自卑

刘清车

十几年前，他从一个仅有二十多万人口的北方小城考进了北京的大学。上学的第一天，与他邻桌的女同学第一句话就问他："你从哪里来？"而这个问题正是他最忌讳的，因为在他的逻辑里，出生于小城，就意味着小家子气，没见过世面，肯定被那些来自大城市的同学瞧不起。

就因为这个女同学的问话，使他一个学期都不敢和同班的女同学说话，以至一个学期结束的时候，很多同班的女同学都不认识他！

很长一段时间，自卑的阴影占据着他的心灵。最明显的体现就是每次照相，他都要下意识地戴上一个大墨镜，以掩饰自己的内心。

20年前，她也在北京的一所大学里上学。

大部分日子，她也都在疑心、自卑中度过。她疑心同学们会在暗地里嘲笑她，嫌她肥胖的样子太难看。

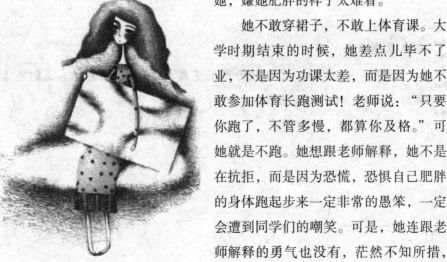

她不敢穿裙子，不敢上体育课。大学时期结束的时候，她差点儿毕不了业，不是因为功课太差，而是因为她不敢参加体育长跑测试！老师说："只要你跑了，不管多慢，都算你及格。"可她就是不跑。她想跟老师解释，她不是在抗拒，而是因为恐慌，恐惧自己肥胖的身体跑起步来一定非常的愚笨，一定会遭到同学们的嘲笑。可是，她连跟老师解释的勇气也没有，茫然不知所措，只能傻乎乎地跟着老师走。老师回家做饭去了，她也跟着。最后老师烦了，勉强算她及格。

在最近播出的一个电视晚会上，她对他说："要是那时候我们是同学，可能是永远不会说话的两个人。你会认为，人家是北京城里的姑娘，怎么会瞧得起我呢？而我则会想，人家长得那么帅，怎么会瞧得上我呢？"

他，现在是中央电视台著名节目主持人，经常对着全国几亿电视观众侃侃而谈，他主持节目给人印象最深的特点就是从容自信。他的名字叫白岩松。

她，现在也是中央电视台著名节目主持人，而且是第一个完全依靠才气而丝毫没有凭借外貌走上中央电视台主持人岗位的。她的名字叫张越。

喔——

原来是他们，

原来他们也会自卑，

原来自卑是可以彻底摆脱的。

成长笔记

每个人都有自己的优点和缺点，一味地用逃避来掩饰自己的缺点，只会像放大镜一样，让别人都注意到它，重要的是自己看得起自己，只有自尊才能摆脱自卑，才能让自己在别人面前抬起头来。

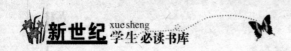
让生命化蛹成蝶

明飞龙

一个小孩，相貌丑陋，说话口吃，而且因为疾病导致左脸局部麻痹，嘴角畸形，讲话时嘴巴总是歪向一边，还有一只耳朵失聪。

为了矫正自己的口吃，这个孩子模仿一位古代的演说家，嘴里含着小石子讲话。看着嘴巴和舌头被石子磨烂的儿子，母亲心疼地抱着他流着眼泪说："不要练了，妈妈一辈子陪着你。"懂事的他替妈妈擦着眼泪说："妈妈，书上说，每一只漂亮的蝴蝶，都是自己冲破束缚它的茧之后才变成的，我要做一只美丽的蝴蝶。"

后来，他能流利地讲话了。因为他的勤奋和善良，他中学毕业时，不仅取得了优异成绩，还赢得了良好的人缘。

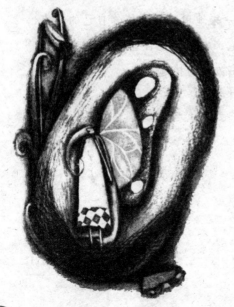

1993 年 10 月，他参加全国总理大选。他的对手居心叵测地利用电视广告夸张他的脸部缺陷，然后写上这样的广告词："你要这样的人来当你的总理吗?"但是，这种极不道德、带有人格侮辱的攻击招致了大部分选民的愤怒和谴责。他的成长历程被人们知道后，赢得了选民的极大同情和尊敬。他说的"我要带领国家和人民成为一只美丽的蝴蝶"的竞选口号，使他以高票当选为总理，并在 1997 年再次获胜，连任总理，人们亲切地称他为"蝴蝶总理"。他就是加拿大第一位连任两届的总理让·克雷蒂安。

是的，有些东西我们无法改变，比如低微的门第、丑陋的相貌、痛苦的遭遇，这些都是我们生命的"茧"。但有些东西则人人都可以选择，比如自尊、自信、毅力、勇气，它们是帮助我们穿破命运之茧、由蛹化蝶的生命之剑。

成长笔记

命运掌握在我们每一个人的手里，我们不能因为自身的先天条件而怨天尤人，因自身缺陷而丧失生活的勇气。如果我们充满斗志，充满自信地向心中的理想进发，冲破重重困难，我们每一个人都会成为那只美丽的蝴蝶。

生命的色彩

矫友田

有一个天真可爱的小女孩，在她 3 岁生日的前两天，被诊断出患有急性淋巴性白血症。此后，虽经过多次住院治疗，可她的病情始终难以控制。

从 4 岁起，她开始学习画画。因为她最大的梦想就是长大以后能够成为一名出色的画家。她最喜欢画童话故事里的小主人公，喜欢画可爱的小动物。对于一个稚嫩的孩子来讲，也许她还不能完全理解死亡的意义。

但是，在与病魔抗争的过程中，只要有时间，她就会打开素描本，拿起心爱的彩笔，忍着病痛的折磨，画着脑海中所想象出的美好画面。到 7 岁时，小女孩已经画了八千多张彩笔画。她凡是认为画得比较好的，就让父母为她保存起来。因为在她幼小的心灵中，一天都不曾放弃过当画家的梦想。

小女孩在与病魔抗争四年之后，怀着对生命的极大渴望，走完了她 7 年零 9 个月短暂的生命。然而，她却为全世界儿童留下八千余张美丽的彩笔画，这个小女孩叫三瓶彩子。2000 年 9 月 18 日，彩子留下的绘画作品，在美国明尼苏达州的明尼阿波利斯全美骨髓病年度总会的会场中心进行了展出。所有看过彩子画作

的人，都被她画里面那不懈的生存勇气和乐观向上的精神感染了，一个个都流下了眼泪。

一个如此年幼的生命，竟能够以如此顽强的毅力，来坦然面对死亡的威胁，并为实现自己心中的梦想而不懈抗争、努力，这是一种何等可贵的人生态度。

其实，一个人生命无论长短，对于整个世界来说都是异常渺小的。而现在，我们无论身陷何种境地，或承受着多少痛苦的折磨，只要我们能够心怀希望与勇气，坦然迎接厄运的挑战，并为自己心中的梦想而奋斗，那么，我们就会给生命留下一抹绚丽的色彩！

成长笔记

每个人的生命之初，都如同白纸一样，你的每一次选择都会为人生画卷添上一抹色彩，勤奋的我们会用心、用毕生的精力去完成这幅壮美的人生画卷。

登上山顶

苇 笛

他出生在山东沂县一个贫困的家庭，尽管他勤奋好学，贫困的家仍负担不起他的学费。念完初中，懂事的他便辍学了。

辍学后，他背上行囊，像千千万万的农村青年一样，来到了城市，成为一名农民工。不同的是，他的行囊里带着书，带着纸和笔。

在大连，他租了一间四平方米的小房，做起卖菜的小生意。每天凌晨 2 点左右，他到蔬菜批发市场批发蔬菜，然后再拉到菜市场去卖，每个月能赚 500 块钱。别人卖菜都大声地叫卖，他却把菜价写在标签上，等待别人来买。在等待的时间里，他如饥似渴地读书。没有谁会想到，一个卖菜的小伙子竟能在喧闹的菜市场读完《资本论》这样的书。

卖了两年的菜后，经人介绍，他去了一家工厂做仓库保管员。工作中，他接触到产品出货单、海外清单，上面全是英文，这激发了他学习英语的兴趣。他买来一些英语学习资料，开始学习英语。他仅有初中时打下的一点英语基础，学起来很吃力，但他相信只要坚持下去，他就能把英语学好。就这样，他自学 6 年，终于拿到了英语专业的本科文凭。

1997 年，工厂破产了，他失去了工作，又成了农民工中的一员。他给人划过玻璃，安装过空调，卖过雪糕，做过许多艰苦的工作。但是无论做什么工作，他都随身带着书。2004年，他参加了研究生考试。这一次，他成功了，被中国社会科学院录取了。捧着录取通知书，他流下幸福的泪水。

他叫郭荣庆，一个憨厚的小伙子。他的事迹传遍了整个大连，电视台请他做节目。在节目现场，有位大连市民问他："在困境中，你是怎样激励自己的？遇到挫折，你是怎样面对的？"郭荣庆这样回答："如果你的目标是高山的山顶，那么你决不会因半山腰的藤绊了一下脚而停下自己爬山的脚步。所以，遇到挫折时，一定不要忘记，自己的目标还没有达到。"

是的，对郭荣庆来说，尽管工作与环境不断变化，但心中的目标却坚定不移，那就是——"登上山顶"！正是这个目标，激励着他不断努力，最终从一个普通的农民工成长为中科院的研究生。

成长笔记

其实，很多人都有过"登上山顶"的目标，可是又有几个人坚持了下来？半途而废、行百里半九十者比比皆是！守住目标，一定要有坚强的意志；实现目标，先问问自己："目标在心中的位置动摇了吗？"

心的下面，脚的上面

包利民

　　我曾经的邻居，是个三十多岁的青年，和母亲生活在一起，没有成家。他没有工作，每天拿着一把锋利的小刀做他的根雕。母亲的退休金根本无法维持正常生活，她便天天去捡破烂，稍有空闲，便去城外刨树根，扛回来给儿子用。人们对她很不理解，三十多岁的男人，你养着他也就罢了，为什么还要费力帮他不务正业呢？

　　久而久之，院子里堆满了母亲刨回来的树根，而他的根雕也渐渐地成型了。那时我常去他家，看着他吃力地雕刻着树根，在他的手上，伤痕纵横交错，记录着他为此付出的努力。我了解他的压力与烦恼，在看惯了别人的白眼后，他只能是不出户地与这些树根为伴。生活上的艰难、心境上的艰难，使他的脸过早地有了沧桑。

　　我曾问过他："有那么多困难与挫折，你还是这样地平静，到底你是怎么去面对的呢？"

　　他淡淡一笑，说："不管多大的困难，多深的打击，我都把它们放在心的下面，脚的上面！"

我从他的胸口一直看到他的脚上，问："为什么要放在那里？"

他说："再艰难的事，我都不会放在心上，而那些事情我又只能承受，所以还要放在脚的上面！"

看着他的眼睛，我的心竟慢慢濡湿了，被震撼了。是的，所有的艰难，他只能放在那里。后来，我离开了家乡的小城，去一个遥远的城市工作。走的时候，他依然在摆弄根雕，他的母亲依然在为生活奔波。

6年过去了，故乡的许多人事都已淡忘，包括那张满是风霜的脸。可是没想到，前几日在省电视台的一个专访节目中，我又见到了那张脸，依然是6年前的样子，不同的是那张脸上而今洋溢着自信的微笑。他如今已经成名了，他的根雕艺术已得到许多专家的赞许，他的作品，被送到国外展览，有两件作品还被国家博物馆收藏。如今，他以艺术家的身份出现在电视荧屏上，再一次给了我震撼。

主持人忽然问了他一个问题："你的艺术之路可谓艰辛无比，开始的时候也可能不为人所理解接受，面对这样的困难，你怎样坚持下来的呢？"

他笑了笑，用手指了指自己的胸口，又指了指自己的双脚，说："很简单，所有的困难我都把它放在心的下面，脚的上面。因为，和那里相比，再大的困难也都是微不足道的了。而且，我不会让自己的心承受一些无谓的负荷！"

现场掌声如潮。而在千里之外，在电视机前，看着高位截瘫、坐着轮椅的他，我的眼泪终于落了下来。

成长笔记

心的下面，脚的上面，是放置苦难的位置；把艰难不放在心上，不踩在脚下，以积极达观的态度去迎接厄运，这是多么豁达、开朗、宽容的人生观啊。

不幸和幸福

奈格尔·乔治

米契尔曾经是一个不幸的人。

一次意外事故，把他身上65%以上的皮肤都烧坏了，为此他动了16次手术。手术后，他无法拿起叉子，无法拨电话，也无法一个人上厕所，但以前曾是海军陆战队员的米契尔从不认为他被打败了。他说："我完全可以掌握我自己的人生之船，我可以选择把目前的状况看成倒退或是一个起点。"6个月之后，他又能开飞机了！

米契尔为自己在科罗拉多州买了一幢维多利亚式的房子，另外也买了一架飞机及一家酒吧，后来他和两个朋友合资开了一家公司，专门生产以木材为燃料的炉子，这家公司后来变成佛蒙特州第二大私人公司。

在米契尔开办公司后的第四年，他开的飞机在起飞时又摔回跑道，把他胸部的12条脊椎骨全压得粉碎，腰部以下永远瘫痪！"我不解的是为何这些事老是发生在我身上，我到底是造了什么孽？要遭到这样的报应？"

米契尔仍选择不屈不挠，丝毫不放弃，还日夜努力使自己能达到最高限度的独立自主，他被选为科罗拉多州孤峰顶镇的镇长，以保护小镇的美景及环境，使之不因矿产的开采而遭受破坏。米契尔后来也竞选国会议员，他用一句"不只是另一张小白脸"的口号，将自己难看的脸转化成一项有利的资产。

尽管面貌骇人、行动不便，米契尔却坠入爱河，且完成终身大事。他拿到了公共行政硕士学位并持续他的飞行活动、环保运动及公共演说。米契尔说："我瘫痪之前可以做1万件事，现在我只能做9000件，我可以把注意力放在我无法再做的1000件上，或是把目光放在我还能做的9000件事上，告诉大家说我的人生曾遭受过两次重大的挫折，如果我能选择不把挫折拿来当成放弃努力的借口，那么，或许你们可以用一个新的角度，来看待一些一直让你们驻足不前的经历。你可以退一步，想开一点儿，然后你就有机会说：'或许那也没什么大不了的！'"

　　不幸对于弱者是万丈深渊，对于强者却是一笔财富，它是人生之旅的太阳，珍视它，你将体验到生命不朽的真谛。

成长笔记

　　生活中的幸与不幸，全在我们的一念之间，在不幸的考验中顽强地生存下来，你就是幸福的人。

生命之河

陈文杰

想起了一条谜语——一只毛毛虫怎样才能渡过没有桥梁的河流？

数百年前的英国，群雄并起，诸侯逐鹿。当时，强大的英格兰王国为了扩张领土，发动了吞并苏格兰的战争。战争之初，苏格兰国王罗伯特·布鲁士率军迎战，却屡战屡败。在最后一次惨败中，国王布鲁士仅率两位随从突出重围，马不停蹄地逃到了一条大河边。

然而，兵荒马乱之际，寂静的河畔连一只渡船也没有，只有湍急的河水泛着阵阵寒光。夜色茫茫，寒风呼号，冰冷刺骨，国王和两位随从蜷身在荒野的茅草丛中，心急如焚。天亮之时，如果还不能渡河而去，后果不堪设想。

在分分秒秒的痛苦忍耐和等待中，一位随从被活活冻死，另一位随从也开枪自杀了。子夜时分，一场鹅毛大雪飘然而至，国王布鲁士瑟缩一团，搂抱着

战马，就着马匹的体温取暖。他咬紧牙关，心里一遍遍地提醒自己：我不想死，我不能死，我一定要挺到最后一刻。

黎明时，风消雪停，晨曦微露，国王布鲁士挣扎着爬起来，放眼望去，不禁惊喜若狂——只见大河上下，顿失滔滔。这条阻隔他走向彼岸的河流，已经冻结成厚实的冰层，一夜之间，天堑变通途。

此后，布鲁士国王卧薪尝胆，东山

再起，后来终于将入侵者赶出了苏格兰，重新赢得了独立。

成败得失之间的距离，更多的时候只近在咫尺，仅一步之遥；而许许多多的功败垂成，往往是输给了自己的绝望和放弃。思想家培根说："许多不可能的事情，只需要时间和坚持。"

一只毛毛虫怎样才能渡过没有桥梁的河流？

答案是：永不放弃自己的执著，在经历一段痛苦的蜕变过程后，化成一只展开双翅、翩翩飞舞的蝴蝶。

现实是此岸，理想是彼岸，中间是一条岁月的长河，而坚韧的意志则是飞架其上的桥梁。

成长笔记

当我们无法渡过生命之河的时候，唯一能做的只有等待，积蓄实力，静候机会，总有一天能到达成功的彼岸。

只要坚持下去总会有成功

牛 菁

这是美国纽约州小镇上一个女人的故事。她从小就梦想成为最著名的演员，15 岁时，在一家舞蹈学校学习三个月后，她母亲收到了学校的来信："众所周知，我校曾经培养出许多在美国甚至在全世界著名的演员，但是我们从没见过哪个学生的天赋和才能比你的女儿还差，她不再是我校的学生了。"

在退学后的两年里，她靠干零活谋生。工作之余她申请参加排练，排练没有报酬，只有节目公演了才能得到报酬。

两年以后，她得了肺炎。住院三周以后，医生告诉她，她以后可能再也不能行走了，她的双腿已经开始萎缩了。已是青年的她，带着演员的梦和病残的腿，回家休养。

她相信自己有一天能够重新走路，经过两年的痛苦磨炼，无数次摔倒，她终于能够走路了。又过了 18 年！整整 18 年！她还是没有成为她梦想的演员。

在她已经 40 岁的时候，她终于获得了一次机会扮演一个电视角色，这个角色对她非常合适，她成功了。在艾森豪威尔就任美国总统的就职典礼上，有2900万人从电视上看到了她的表演，英国女王伊丽莎白二世加冕时，有3300万人欣赏了她的表演……到了1953年，看到她表演的人超过4000万。

这就是露茜丽·鲍尔的电视专辑。观众看到的不是她早年因病致残的腿和一脸的沧桑，而是一位杰出的女演员的天才和能力，看到的是一个不言放弃的人，一位战胜了一切苦难而终于取得成就的大人物。

成长笔记

只要你不想放弃，那么疾病与苦难都不能将你打败，顽强的毅力将助你取得成就。

梦想的高度

丹尼斯·怀特雷　彭嵩嵩　编译

　　他从小被一对大学教授夫妇收养，两岁的时候，他突然奇怪地停止长高，而且健康状况也越来越差。经过专家会诊，他患的是一种罕见的阻碍消化和吸收食物营养的疾病，医生们认为他只能再活 6 个月了。还好，通过静脉注射营养液，勉强使他恢复了体力，但是他的生长发育受到了抑制。

　　他在医院里住了很长一段时间，一直到 9 岁。他只能在心里计划着去报复那些嘲笑他、叫他"花生豆"的孩子。

　　多年以后，他回忆道，在他的潜意识里面，"那一切的经历让我梦想在体育上能取得一些成功。"有时，他的姐姐苏珊会去滑冰场滑冰，他总是跟着一起去。他站在场外，那么虚弱瘦小、发育不良，鼻子里还插了一根通到胃里的

管子，平时那根管子的另一头就用胶带粘在他的耳朵后面。

　　一天，他看着姐姐在冰面上飞驰，突然转身对父母说："听我说，我想试试滑冰。"两个正在谈话的大人吓了一跳，难以置信地看着赢弱的孩子。

　　结果是，他试了，他喜欢上了滑冰，他开始狂热地练习。在滑冰中，他找到了乐趣，他可以胜过别人，而且身高和体重在滑冰场上并不重要。

　　在第二年的健康检查中，医生吃惊地发现，他竟然又开始长个儿了。虽然

对他来说想达到正常的身高已经不可能了，但是他和他的家人都不在乎这个事实。重要的是，他正在恢复健康，正在获得成功，正在实现自己的梦想。

后来，没有哪个孩子会再嘲笑、戏弄他了。相反，他们全都欢呼着冲上前去请他签名。他刚刚参加一次令人赞叹的世界职业滑冰巡回赛，一系列高难度的冰上动作让观众如痴如狂。

现在他已经退役，不再当职业滑冰选手了，但是他仍旧是冬季运动中受人尊敬的教练、顾问和评论员。

虽然他身高只有 1.59 米，体重才 52 公斤，但是他肌肉健美、精力充沛。他就是前奥运滑冰冠军——斯科特·汉弥尔顿。他自信而自强，身高无法限制他的信念和力量。

成长笔记

真的英雄，敢于直面惨淡的人生！逆境与苦难并没有降低强者对梦想的要求，相反，会让他们格外出众！

怕

张小失

一个少年怕独自走夜路。父亲问他：你怕什么？少年答：怕黑。父亲问：黑为什么可怕？少年答：像有鬼似的。父亲问：你见过鬼？少年笑了：没有。父亲问：那么，现在你敢独自走夜路了吗？少年低头：不敢。父亲问：还怕什么？少年答：路边有一片坟地。父亲问：坟地里有什么声音或鬼火之类的吗？少年答：有虫叫，没鬼火。父亲问：白天的虫叫与夜里的虫叫有何区别？少年：……

一名新兵怕跳低板墙。连长问他：为什么不敢跳？新兵答：怕栽倒。连长问：你以前跳过吗？新兵答：没有。连长问：那么低板墙绊倒过你吗？新兵低头：当然没有。连长问：那你怎么知道它会使你栽倒？然后连长令新兵跳高，成绩为1.7米。连长又问新兵：你知道低板墙有多高？新兵说：不知道。连长说：1.5米。

一名失业青年近几年在家埋头写作，发表了一千多块"豆腐干"。一天，父亲指着一则招聘启事说：某报社需要编辑，快去试试！长期与社会缺少直接接触的青年胆怯地说：我未必行。父亲问：为什么？青年答：没学历。父亲问：或许你发表的作品能打动报社总编呢？青年答：那么多大学毕业生应聘，咋会看上我呢？父亲问：你见过总编了？青年答：没有。父亲问：你了解过全部竞争对手了？青年答：没有。父亲问：那你究竟怕什么？

怕走夜路的少年后来独自走了几回，虽紧张，却平安无事；怕跳低板墙的新兵后来终于咬牙跳了一次，并且以后再也没有犹豫过；怕应聘的青年后来背着一袋报刊去见总编，居然被破格录用……他们就是今天的我呀！

我曾反复品味父亲的问题：你究竟怕什么？我的回答是：怕我心中那个与生俱来的"怕"字。

成长笔记

没有什么比内心的恐惧更让人害怕的。心中的"怕"，是本性的一种反映，但是不要被心中的那块石头绊倒，应该认清事物的真实面貌，克服心理障碍，轻松快乐地生活。

发现希望

杨 行

1973 年 12 月，肯尼出生在美国宾夕法尼亚州拉昆村。当母亲看到婴儿只有半截身体时，哭得死去活来。做父亲的比较冷静，再三安慰妻子："我们要面对现实，不要绝望，生命还在，希望还在。"

肯尼 1 岁半的时候做了两次手术，腰以下的神经无法恢复，连坐都成了问题。医生却劝肯尼的母亲：凡事要尽量靠他自己的意志和能力去做。母亲接受了医生的忠告，尽量让肯尼料理自己的事情。数月后，肯尼竟奇迹般地坐了起来。不久，他开始尝试用双手走路。

肯尼开始上学了，每天都要装上重达 6 公斤的假肢和一截假胴体。坐着轮椅上厕所很不方便，每次都有同学帮助他。在这样的环境熏陶下，加上几位老师的爱护，使肯尼的心灵得到极大的净化。他爱生命，爱身边的每一个人。

肯尼是个摄影迷，一有空，他就挂上相机，摇轮椅到附近公园去。他一边给人拍照，一边说："你的眼睛真漂亮，等照片洗出来我要挂在房间里作装饰。"说得姑娘们喜滋滋的。他帮妈妈买东西，有时也替邻居洗车、剪草。这对一个没有下肢的人来说，要有多大的毅力啊!

如今,肯尼已经是加拿大的小影星了。他成功地主演了影片《小兄弟》。他对记者说:"我在生活中没有困难,遇到困难就和大家一样,找出方法解决。"

小镇上,几乎每个人都迷恋着肯尼。有个老太太每天都站在门口,就是为了多看他一眼。

为什么人们都迷恋只有半截身体的少年肯尼呢?

肯尼的邻居乔安说:"每个人都有烦恼。但是只要看到肯尼,就会觉得自己的烦恼是何等的渺小。"

还有一位邻居说:"我们热爱肯尼,因为有了他,我们提高了战胜困难的勇气。我们要像肯尼那样,对生活充满自信!"

假如命运折断了希望的风帆,请不要绝望,岸还在;假如命运凋零了美丽的花瓣,请不要沉沦,春还在;生活总会有无尽的麻烦,请不要无奈,因为路还在,梦还在,阳光还在,我们还在。

成长笔记

　　身残志坚的肯尼用精神感动着身边的人,也感动着我们的心。与他相比,我们还有什么好抱怨的呢?

离阳光只有 50 米

方冠晴

某山区有个废弃的矿井。本来，矿工们在遗弃它时，已将入口堵死了，但天长日久，风吹雨淋，已被堵死的矿井口坍塌了，露出一个黑黑的洞来。

两个在山上放牛的男孩发现了洞口，他们对洞内的未知世界十分好奇，很想到洞内看个究竟。于是，他俩举着火把，钻进洞里去，呈现在他俩眼前的是一个新奇的世界。矿井极深极长，且纵横交错，很像是一个地下迷宫。两个男孩顿时兴起，就顺着一条偏井走了进去。

不一会儿，火把燃尽了，他们俩顿时置身于无边的黑暗和冷寂之中。两个人都有些害怕了，慌忙往回走。

但是，他俩却找不到洞口。

恐惧和焦虑越来越甚，他俩在偏井里面盲目地左冲右撞……

三天后，孩子的父母在矿井里找到了这两个男孩的尸体。尸体的所在位置，离主井的出口不到 50 米。法医尸检时说，这两个男孩不是死于饥饿和寒冷，依据他俩的生理能量，完全可以走出井口获救。

分析的结果是，这两个男孩是死于心理上的恐惧和绝望。

可以想象，这两个男孩也曾在矿井里努力地寻找出口，但因为久久没有找到，所以就陷入了极度的恐惧和无边的绝望之中，正是这种恐惧和绝望，最终使他们放弃了努力，而在离井口不到 50 米的地方放弃了生还的希望。其实，只要他俩再向前走几步，转一个弯，就能看到洞口的阳光。

成长笔记

即使处于绝境，也不要惊慌失措，我们的镇定和勇气可以帮助我们重获新生，绝望的心才是最大的威胁。

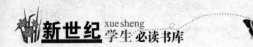
让头脑卷起风暴

陆 鹏

什么是"头脑风暴"？我们还是先看一个有趣的故事。

有一年，美国北方格外寒冷，大雪纷飞，电线上积满冰雪，大跨度的电线常被积雪压断，严重地影响了人们的正常通讯。

过去，许多人试图解决这一问题，但都未能如愿以偿。后来，电讯公司经理应用奥斯本发明的头脑风暴法，解决了这一难题。

他召开了一种能让头脑卷起风暴的座谈会，参加会议的是不同专业的技术人员，他们必须遵守以下四项基本原则：

第一，自由思考。即要求与会者尽可能解放思想，无拘无束地思考问题并畅所欲言，不必顾虑自己的想法或说法是否"离经叛道"或"荒唐可笑"；

第二，延迟评判。即要求与会者在会上不要对他人的没想评头论足，不要发表"这主意好极了"、"这种想法太离谱了"之类的"捧杀句"或"扼杀句"。至于对设想的评判，留在会后组织专人考虑；

第三，以量求质。即鼓励与会者尽可能多而广地提出设想，以大量的设想来保证质量较高的设想的存在；

第四，结合改善。即鼓励与会者积极进行智力互补，在增加自己提出设想的同时，注意思考如何把两个或更多的设想结合成另一个更完善的设想。

按照这种会议规则，大家七嘴八舌地议论开来。有人提出设计一种专用的电线清雪机；有人想到用电热来融化冰雪；有人建议用振荡技术来清除积雪；还有人提出能否带上几把大扫帚，乘坐直升飞机去扫电线上的积雪。对于这种"坐飞机扫雪"的设想，尽管大家心里觉得滑稽可笑，但在会上也无人提出批评。

相反，有一个工程师在百思不得其解时，听到用飞机扫雪的想法后，大脑突然受到冲击，一种简单可行且高效率的清雪方法冒了出来。他想，每当大雪过后，出动直升飞机沿积雪严重的电线飞行，依靠高速旋转的螺旋桨即可将电线上的积雪迅速扇落。他马上提出"用直升飞机扇雪"的新设想，顿时又引起其他与会者的联想，有关用飞机除雪的主意一下子又多了七八条。不到一小时，与会的十名技术人员共提出九十多条新设想。

会后，公司组织专家对设想进行分类论证。专家们认为设计专用清雪机、采用电热或电磁振荡等方法清除电线上的积雪，在技术上虽然可行，但研制费用大、周期长，一时难以见效。那种因"坐飞机扫雪"激发出来的几个设想，倒是一种大胆的新方案，如果可行，将是一种既简单又高效的好办法。经过现场试验，发现用直升飞机扇雪确实能奏效，一个久悬未决的难题，终于在头脑风暴会中得到了巧妙地解决。

从上例可见，所谓头脑风暴会，实际上是一种智力激励法。奥斯本借用这场会议让与会者敞开思想，使各种设想在相互碰撞中激起头脑的创造性"风暴"。

成长笔记

天下事本无难易之分，只是人们思想倦怠，不去想解决的方法。鉴于此，人应群策群力，扬起思想的帆，让它在智慧的海洋中自由前行，如此方能冲破风浪的阻碍，到达梦想的彼岸。

敬 启

　　本书的编选参阅了一些报刊和著作，由于多种原因我们未能与部分入选文章作者（或译者）取得联系，在此深表歉意。敬请原作者（或译者）见到本书后，及时与我们联系，我们将按国家有关规定支付稿酬并赠送样书。

联系方式

地　　址：黑龙江省哈尔滨市香坊区汉水路 110 号

邮　　编：150090

联 系 人：吴晶

电　　话：0451—55174988

编委会

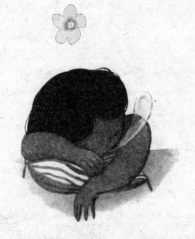